基礎からやさしく学ぶ
理工学系・情報科学系のための

# 線形代数

仁平政一 著

現代数学社

# まえがき

線形代数は，数学と名のつく多くの分野に応用されており，理工学系・情報科学系の学生が専門分野を勉強する上での，必要不可欠な基礎知識であり，道具である．

そのため，現在各大学の理工学系・情報科学系の学部・学科では，線形代数が必修科目あるいはそれに近い扱いになっている．

本書は，大学初年度の学生がそれぞれの専門を学ぶために必要とする線形代数の知識を無駄なく，余裕をもって一通り学べるよう意図した自学書あるいは参考書，講義用テキストである．

本書の特長は次の通りである．

(1) 具体例や数値計算を豊富に取り入れ，基本概念や定理が理解し易いようにした．

(2) 基礎的な事柄の説明や内容を省略せず，数学が不得手な者も読み通せるようにした．

(3) 定理の証明等の理論の運びは簡潔明瞭にした．

(4) 問題は「小問」と「演習問題」の 2 段階に分け，小問には数学が苦手であっても解く楽しさを体感できるような問題を用意し，演習問題には重要で面白そうな問題を用意した．

この特徴からわかるように，本書はわかりやすいテキストであるばかりでなく，一人でも途中で挫折することなく学ぶことができる内容になっている．

本書を講義用テキストとして使用する場合は，目安として各節が 2 回分の講義の分量となるように工夫してある．定期試験や問題演習の時間を考慮すると，半期 15 回の講義では，第 1 章と第 2 章（第 1 節から第 6 節）を想定している．通期では第 1 章から第 4 章までを，余裕を持って講義することができるのではないかと考えている．

本書は，月刊誌「理系への数学」に連載されたものに加筆したものである．

連載中から単行本の出版まで大変お世話になった富田淳氏および編集部の皆様方に深く感謝の意を表したい.

2013 年 12 月　仁平政一

# 目　次


第1章　行列と連立1次方程式 …… 1

§1.　行列とその演算 …… 1

1.1.　行列の定義 …… 1

1.2.　行列の種類 …… 3

1.3.　行列の相等 …… 5

1.4.　行列の演算 …… 5

1.5.　零因子の存在，乗法の交換法則の不成立 …… 8

1.6.　演算に関する性質 …… 9

1.7.　転置行列とその性質 …… 10

演習問題1 …… 12

§2.　行列の分割，連立1次方程式と行列の基本変形 …… 14

2.1.　行列の分割 …… 14

2.2.　連立1次方程式の行列表示 …… 18

2.3.　行基本変形・列基本変形 …… 19

演習問題2 …… 22

§3.　行列の階数と連立1次方程式 …… 24

3.1.　階段行列と行列の階数 …… 24

3.2.　行列の階数と連立1次方程式 …… 27

3.3.　掃き出し法による逆行列の求め方 …… 30

演習問題3 …… 33

第2章　行列式 …… 35

§4.　行列式の定義と性質 …… 35

4.1. 2次, 3次の行列式の定義 …… 35
4.2. 置換 …… 38
4.3. 一般の行列式の定義 …… 41
4.4. 行列式の性質 …… 43
演習問題4 …… 46
§5. 行列式の性質, 余因子展開 …… 48
5.1. 行列式の性質の証明 …… 48
5.2. 余因子展開 …… 53
演習問題5 …… 58
§6. 行列式の応用 …… 61
6.1. 余因子行列, 逆行列 …… 61
6.2. クラメルの公式 …… 64
6.3. ベクトルの外積 …… 66
演習問題6 …… 72

第3章 ベクトル空間 …… 75
§7. ベクトル空間 …… 75
7.1. $n$次元ベクトル …… 75
7.2. ベクトル空間 …… 78
7.3. 部分空間 …… 79
7.4. ベクトル空間の同型 …… 81
7.5. 1次独立・1次従属 …… 82
演習問題7 …… 86
§8. 基底, 次元, グラム・シュミットの直交化法 …… 88
8.1. 基底と次元 …… 88

8.2. ベクトル空間と座標 …… *93*
8.3. 基底と生成系 …… *94*
8.4. 正規直交系 …… *96*
演習問題 8 …… *99*

第 4 章 線形写像と固有値問題 …… *101*
§9. 線形写像 …… *101*
9.1. 線形写像 …… *101*
9.2. 表現行列 …… *105*
9.3. 表現行列の求め方 …… *108*
演習問題 9 …… *111*
§10. 像と核，固有値と固有ベクトル …… *114*
10.1. 像と核 …… *114*
10.2. 固有値と固有ベクトル …… *120*
10.3. 固有空間 …… *123*
演習問題 10 …… *125*
§11. 行列の対角化とその応用 …… *127*
11.1. 行列の対角化 …… *127*
11.2. 対角化可能な行列の n 乗の求め方 …… *133*
11.3. 主軸問題 …… *134*
演習問題 11 …… *138*
§12. 行列の三角化，ジョルダンの標準形 …… *140*
12.1. 行列の三角化 …… *140*
12.2. ケーリー・ハミルトンの定理 …… *144*
12.3. ジョルダンの標準形 …… *146*

演習問題 12 ………… *150*

付章　内積空間，正射影，スペクトル分解 ………… *153*

A.1.　内積空間 ………… *153*

A.2.　直交補空間 ………… *157*

A.3.　正射影 ………… *160*

A.4.　スペクトル分解 ………… *165*

演習問題の解答 ………… *171*

参考文献 ………… *183*

索引 ………… *184*

# 第1章
# 行列と連立1次方程式

## §1 行列とその演算

### 1.1 行列の定義

行列の定義に関する説明をわかりやすくするために，具体的な話から始めることにしよう．

下記の表1は，A君とBさんの線形代数1の中間テスト(40点満点)，期末テスト(60点満点)の点数である．

| | 中間テスト | 期末テスト | 合計点 |
|---|---|---|---|
| A君 | 30点 | 45点 | 75点 |
| Bさん | 35点 | 50点 | 85点 |

表1

上記の表から，点数を抜き出して，括弧でくくったものが下記の表2である．

$$\begin{bmatrix} 30 & 45 & 75 \\ 35 & 50 & 85 \end{bmatrix}$$

表2

この表のように，つまり多次元量を一目瞭然にわかるように括弧でくくって表したものを，行列と呼んでいる．

このことを念頭におけば，次に述べる定義が容易に理解できるであろう．

それでは，定義にうつろう．

次のように $mn$ 個の数(実数または複素数) $a_{ij}$ $(1 \leqq i \leqq m,\ 1 \leqq j \leqq n)$ を長方形状に配列し，かっこ［　］あるい（　）でくくった形を，**$m$ 行 $n$ 列の行列**，あるいは **$m \times n$ 行列**，**$(m,\ n)$ 行列**と呼ぶ．また，$(m,\ n)$ をこの行列の**型**という．

$$\begin{bmatrix} a_{11} & a_{12} & \cdots & a_{1n} \\ a_{21} & a_{22} & \cdots & a_{2n} \\ \cdots & \cdots & \cdots & \cdots \\ a_{m1} & a_{m2} & \cdots & a_{mn} \end{bmatrix} \text{ あるいは } \begin{pmatrix} a_{11} & a_{12} & \cdots & a_{1n} \\ a_{21} & a_{22} & \cdots & a_{2n} \\ \cdots & \cdots & \cdots & \cdots \\ a_{m1} & a_{m2} & \cdots & a_{mn} \end{pmatrix} \qquad \cdots(1.1)$$

行列において，横の並びを**行**といい，上から順に第1行，第2行，…という．また，縦の並びを**列**といい，左から順に第1列，第2列，…という．

例えば，3行4列の行列

$$\begin{bmatrix} 1 & 2 & 3 & 0 \\ 4 & 3 & 2 & 1 \\ 0 & 8 & 1 & 5 \end{bmatrix}$$

の第2行は $(4 \quad 3 \quad 2 \quad 1)$ であり，第3列は $\begin{pmatrix} 3 \\ 2 \\ 1 \end{pmatrix}$ である．

第 $i$ 行と第 $j$ 列の交わる位置にある数 $a_{ij}$ を $(i,\ j)$ **成分**という．一般に行列を表すのに $A,\ B,\ \cdots$ のような大文字を用いる．

**例題 1.1**　次の行列 $A,\ B$ の型を述べ，行列 $A$ の $(2,\ 1)$ 成分，行列 $B$ の $(2,\ 3)$ 成分を求めよ．

$$A = \begin{bmatrix} 1 & 2 \\ 3 & 4 \end{bmatrix},\quad B = \begin{bmatrix} 1 & 2 & 3 \\ 4 & 5 & 6 \end{bmatrix}$$

**解**　$A$ は $(2,\ 2)$ 型の行列で，$A$ の $(2,\ 1)$ 成分は3であり，$B$ は $(2,\ 3)$ 型の行列で，$B$ の $(2,\ 3)$ 成分は6である．

$m\times n$ 行列 $A$ の $(i,\ j)$ 成分を $a_{ij}$ で表すと，$A$ は (1.1) ように表されるが，記述の簡略化を考えて，$A=[a_{ij}]$ あるいは $A=(a_{ij})$ で表すことが多い．型 $(m,\ n)$ を明示するときは $A=[a_{ij}]_{m\times n}$ あるいは $A=(a_{ij})_{m\times n}$ で表す．

例えば，$A=[a_{ij}]_{3\times 2}$ は

$$A=\begin{bmatrix} a_{11} & a_{12} \\ a_{21} & a_{22} \\ a_{31} & a_{32} \end{bmatrix}$$

のことである．

特に，$1\times 1$ 行列 $[a_{11}]$ は単に $a_{11}$ と書くこともある．

1 つの行からなる $1\times n$ 行列を ($n$ 次の) **行ベクトル**といい，1 つの列からなる $m\times 1$ 行列を ($m$ 次の) **列ベクトル**という．また，行列に対して普通の数を**スカラー**と呼ぶ．

## 1.2　行列の種類

- **零行列**　すべての成分が 0 であるような行列を**零行列**と呼び $\boldsymbol{O}$ で表す．その型 $(m,\ n)$ を示したいときは，$\boldsymbol{O}_{m\times n}$ で表す．

- **正方行列**　$(n,\ n)$ 行列，すなわち行の個数と列の個数が一致する行列を **$n$ 次正方行列**または単に **$n$ 次行列**という．例えば，例 1.1 の行列 $A$ は 2 次正方行列である．

- **対角行列**　$n$ 次正方行列 $A=[a_{ij}]$ において，$(1,\ 1)$成分，$(2,\ 2)$成分，$\cdots$，$(n,\ n)$ 成分を，**行列の対角成分**という．対角成分以外がすべて 0 である正方行列を**対角行列**という．

例えば，

$$\begin{bmatrix} 1 & 0 & 0 \\ 0 & 2 & 0 \\ 0 & 0 & 3 \end{bmatrix}$$

は 3 次の対角行列である．また，対角行列を表すのに，対角成分以外の 0 を

まとめて1つの大きい O で表すこともよく用いられる．

例えば

$$\begin{bmatrix} d_1 & & & \\ & d_2 & & O \\ O & & \ddots & \\ & & & d_n \end{bmatrix}$$

のように表す．

・**上三角行列・下三角行列**　対角成分より下側の成分 $a_{ij}$ $(i>j)$ がすべて 0 の正方行列を**上三角行列**といい，対角線より上側の成分がすべて 0 である行列を**下三角行列**という．

例えば

$$\begin{bmatrix} 1 & 4 & 5 \\ 0 & 2 & 3 \\ 0 & 0 & 6 \end{bmatrix}$$

は上三角行列である．

・**単位行列**　対角成分がすべて 1 である対角行列を**単位行列**といい，$\boldsymbol{E}$ で表す ($I$ で表す本も多いので注意されたい)．次数 $n$ を明示するときは $\boldsymbol{E_n}$ と表す．

例えば

$$\begin{bmatrix} 1 & 0 & 0 \\ 0 & 1 & 0 \\ 0 & 0 & 1 \end{bmatrix}$$

は 3 次の単位行列である．

・**転置行列**　行列 $A=[a_{ij}]_{m\times n}$ に対し，$a_{ij}$ を $(j,\ i)$ 成分とする $(n,\ m)$ 型の行列を $A$ の**転置行列**とよび，${}^t\boldsymbol{A}$ で表す．${}^tA$ は $A$ の縦横を逆にして得られる行列である．

例えば

$$A=\begin{bmatrix} 1 & 2 & 3 \\ 4 & 5 & 0 \end{bmatrix} \text{ のとき，} \quad {}^tA=\begin{bmatrix} 1 & 4 \\ 2 & 5 \\ 3 & 0 \end{bmatrix}$$

である．

## 1.3　行列の相等

同じ型の 2 つの行列 $A$, $B$ の対応する成分がそれぞれ等しいとき，その 2 つの行列は**等しい**といい，$\boldsymbol{A}=\boldsymbol{B}$ と書く．

**例題 1.2**　次の等式が成り立つように $x$, $y$, $z$, $w$ を求めよ．

$$\begin{bmatrix} x-y & x+y \\ z+w & 4 \end{bmatrix}=\begin{bmatrix} 1 & 3 \\ 3 & w \end{bmatrix}$$

**解**　2 つの行列が等しいから，2 つの連立 1 次方程式

$$\begin{cases} x-y=1 \\ x+y=3 \end{cases},\quad \begin{cases} z+w=3 \\ w=4 \end{cases}$$

を得る．これらの方程式を解くことより，

$$x=2,\quad y=1,\quad z=-1,\quad w=4$$

を得る．

## 1.4　行列の演算

行列に関する演算には，スカラー倍，和(差)，積の 3 種類がある．

### ■ スカラー倍

数 $\lambda$ と行列 $A=[a_{ij}]$ とのスカラー倍を次のように定める．

$$\lambda A=[\lambda a_{ij}]$$

### ■ 和と差

同じ型の行列 $A=[a_{ij}]$ と $B=[b_{ij}]$ の和は，次のように定める．

$$A+B=[a_{ij}+b_{ij}]$$

$A$, $B$ の差については

$$A-B=A+(-1)B$$

と定める．

**例題 1.3**　次の計算をせよ．

(1) $\begin{bmatrix} 1 & 2 \\ 3 & 4 \end{bmatrix}+\begin{bmatrix} 2 & -2 \\ -3 & 1 \end{bmatrix}$　(2) $\begin{bmatrix} 3 & 2 \\ -1 & 3 \\ 4 & -1 \end{bmatrix}-\begin{bmatrix} 5 & 2 \\ 2 & 3 \\ 4 & 2 \end{bmatrix}$

(3) $-2\begin{bmatrix} 1 & 2 & 3 \\ 4 & 5 & 6 \end{bmatrix}+3\begin{bmatrix} 0 & -1 & 2 \\ 1 & 0 & 4 \end{bmatrix}$

**解**　(1) $\begin{bmatrix} 3 & 0 \\ 0 & 5 \end{bmatrix}$　(2) $\begin{bmatrix} -2 & 0 \\ -3 & 0 \\ 0 & -3 \end{bmatrix}$

(3) $\begin{bmatrix} -2 & -4 & -6 \\ -8 & -10 & -12 \end{bmatrix}+\begin{bmatrix} 0 & -3 & 6 \\ 3 & 0 & 12 \end{bmatrix}=\begin{bmatrix} -2 & -7 & 0 \\ -5 & -10 & 0 \end{bmatrix}$

**問 1.1**　$A=\begin{bmatrix} 1 & 0 \\ 2 & 1 \end{bmatrix}$, $B=\begin{bmatrix} 1 & 1 \\ 6 & -3 \end{bmatrix}$ のとき，

$X+2B=3(X-2A)$ を満たす行列 $X$ を求めよ．

## ■ 積

行列 $A$ の**<u>列の数</u>**と行列 $B$ の**<u>行の数</u>**が**等しい**ときに限り，この順序の**積** $AB$ を次のように定義する．

$$A=[a_{ij}]_{m\times n},\quad B=[b_{ij}]_{n\times r}\ \text{に対し}\ AB=[c_{ij}]_{m\times r}$$

ここに，$c_{ij}=a_{i1}b_{1j}+a_{i2}b_{2j}+\cdots+a_{in}b_{nj}\ (1\leqq i\leqq m,\ 1\leqq j\leqq r)$．

積は，一見難しいように思えるが，慣れればなんでもない．次の例で積の定義に慣れよう．

**例題 1.4**　次の行列 $A$, $B$, $C$ について，積 $AB$, $AC$, $BC$ が作れるかどうかを調べ，作れるものについてはそれを計算せよ．

$$A=\begin{bmatrix}1 & 2 & 3\\ 2 & 3 & 1\end{bmatrix},\quad B=\begin{bmatrix}1 & 0\\ 1 & 1\\ 0 & 1\end{bmatrix},\quad C=\begin{bmatrix}1 & 2\\ 3 & 4\end{bmatrix}$$

**解**　$A$ は $(2,\ 3)$ 型で，$B$ は $(3,\ 2)$ 型であるから，積 $AB$ は作れて，その積は $(2,\ 2)$ 型の行列である．

$$\begin{aligned}AB&=\begin{bmatrix}1 & 2 & 3\\ 2 & 3 & 1\end{bmatrix}\begin{bmatrix}1 & 0\\ 1 & 1\\ 0 & 1\end{bmatrix}\\ &=\begin{bmatrix}1\times1+2\times1+3\times0 & 1\times0+2\times1+3\times1\\ 2\times1+3\times1+1\times0 & 2\times0+3\times1+1\times1\end{bmatrix}\\ &=\begin{bmatrix}3 & 5\\ 5 & 4\end{bmatrix}\end{aligned}$$

$A$ は $(2,\ 3)$ 型で $C$ は $(2,\ 2)$ 型であるから，$A$ の列の数と $B$ の行の数が一致しない．よって，積 $AC$ は作れない．

$B$ は $(3,\ 2)$ 型で $C$ は $(2,\ 2)$ 型であるから，積 $BC$ は作ることができて，積 $BC$ は $(3,\ 2)$ 型である．

$$\begin{aligned}BC&=\begin{bmatrix}1 & 0\\ 1 & 1\\ 0 & 1\end{bmatrix}\begin{bmatrix}1 & 2\\ 3 & 4\end{bmatrix}\\ &=\begin{bmatrix}1\times1+0\times3 & 1\times2+0\times4\\ 1\times1+1\times3 & 1\times2+1\times4\\ 0\times1+1\times3 & 0\times2+1\times4\end{bmatrix}=\begin{bmatrix}1 & 2\\ 4 & 6\\ 3 & 4\end{bmatrix}\end{aligned}$$

**問 1.2**　$A=\begin{bmatrix}2 & -1\\ 3 & 5\\ 4 & -3\end{bmatrix}$,　$B=\begin{bmatrix}1 & 0\\ 0 & 1\\ 1 & 0\end{bmatrix}$,　$C=\begin{bmatrix}-1 & 2 & 0\\ 5 & 1 & 4\end{bmatrix}$,　$D=\begin{bmatrix}1\\ -1\end{bmatrix}$

のとき，次の計算が可能ならばそれを実行せよ．

(1) $AC$　(2) $2CA-3CB$　(3) $AD$　(4) $BA$　(5) $DC$　(6) $BD$

## 1.5　零因子の存在，乗法の交換法則の不成立

$A=\begin{bmatrix}6 & -8\\ -9 & 12\end{bmatrix}$, $B=\begin{bmatrix}4 & 16\\ 3 & 12\end{bmatrix}$とする．このとき積 $AB$ を求めると

$$AB=\begin{bmatrix}6 & -8\\ -9 & 12\end{bmatrix}\begin{bmatrix}4 & 16\\ 3 & 12\end{bmatrix}$$
$$=\begin{bmatrix}0 & 0\\ 0 & 0\end{bmatrix}$$

となる(計算は各自で確かめよ)．このことは $A\neq O$, $B\neq O$ にもかかわらず $AB=O$ になってしまうことを示している．このような行列 $A$, $B$ を**零因子**とよぶ．

この点は普通の数(実数あるいは複素数)の乗法(積)と大きく異なるところである．

例えば，$X$ を2次の正方行列とする．このとき，$X^2=X$ を満たす行列を求める場合，

「$X(X-E)=O$，よって $X=O$ または $X=E$」

という結論を導くことはできないのである．

次に，$BA$ を計算してみると

$$BA=\begin{bmatrix}4 & 16\\ 3 & 12\end{bmatrix}\begin{bmatrix}6 & -8\\ -9 & 12\end{bmatrix}=\begin{bmatrix}-120 & 160\\ -90 & 120\end{bmatrix}$$

となる(計算は各自で確かめよ)．

$AB=O$ だったので，明らかに，この場合

$$AB\neq BA$$

である．この例からわかるように，行列の乗法に関しては「交換法則が成立しない」のである．つまり，常に $AB=BA$ が成り立つとは限らないのである．したがって，「$(A+B)^2=A^2+2AB+B^2$」というような安易な計算が許されないのである．

## 1.6　演算に関する性質

ここで，スカラー倍，和，積に関する性質をまとめておこう．

● **和と積**

(1) 和の交換法則　$A+B=B+A$

(2) 和の結合法則　$(A+B)+C=A+(B+C)$

(3) 零　行　列　$A+O=O+A=A,\ AO=OA=O$

(4) 積の結合法則　$(AB)C=A(BC)$

(5) 分 配 法 則　$A(B+C)=AB+AC$

$(A+B)C=AC+BC$

(6) 単 位 行 列　$E$　$AE=EA=A$

● **スカラー倍**（$\lambda$，$\mu$ **はスカラー**）

(1) $(\lambda A)(\mu B)=\lambda\mu(AB)$

(2) $(\lambda+\mu)A=\lambda A+\mu A$

(3) $\lambda(A+B)=\lambda A+\lambda B$

● **指数法則**

$A$ が正方行列のとき，負でない整数 $n$ に対して，$A$ の $n$ 個の積を $A^n$ と書く．なお，$n=0$ のときは $A^0=E$ と定める．このとき，次の法則が成り立つ．

$$A^mA^n=A^{m+n},\ (A^m)^n=A^{mn}(m,n=0,1,2,\cdots).$$

● **数と行列の相違点**

(1) 和，積は常に定義できるとは限らない．

(2) 積に関しては，交換法則が成立しない．

(3) 零因子が存在する．

次に転置行列に関する性質について述べよう．

## 1.7　転置行列とその性質

証明は省略するが，転置行列については次のことが成り立つ．ただし，$\lambda$ はスカラーとする．

(1) ${}^t(A+B)={}^tA+{}^tB$

(2) ${}^t(\lambda A)=\lambda{}^tA$

(3) ${}^t(AB)={}^tB{}^tA$

(4) ${}^t({}^tA)=A$

**例題 1.5**　$A=\begin{bmatrix}1 & 0\\ 2 & 1\end{bmatrix}$,　$B=\begin{bmatrix}0 & -1\\ 3 & 2\end{bmatrix}$ のとき，

$${}^t(AB)={}^tB{}^tA$$

が成り立つことを示せ．

**解**　$AB=\begin{bmatrix}1 & 0\\ 2 & 1\end{bmatrix}\begin{bmatrix}0 & -1\\ 3 & 2\end{bmatrix}=\begin{bmatrix}0 & -1\\ 3 & 0\end{bmatrix}$

よって，${}^t(AB)={}^t\begin{bmatrix}0 & -1\\ 3 & 0\end{bmatrix}=\begin{bmatrix}0 & 3\\ -1 & 0\end{bmatrix}$.

一方，${}^tA=\begin{bmatrix}1 & 2\\ 0 & 1\end{bmatrix}$,　${}^tB=\begin{bmatrix}0 & 3\\ -1 & 2\end{bmatrix}$

よって，${}^tB{}^tA=\begin{bmatrix}0 & 3\\ -1 & 2\end{bmatrix}\begin{bmatrix}1 & 2\\ 0 & 1\end{bmatrix}=\begin{bmatrix}0 & 3\\ -1 & 0\end{bmatrix}$.

したがって，

$${}^t(AB)={}^tB{}^tA$$

が成り立つ．

ここで，転置行列を用いて定義される対称行列と交代行列を述べておこう．対称行列は応用上重要な行列である．

${}^tA=A$ を満たす正方行列 $A$ を**対称行列**といい，${}^tA=-A$ を満たす正方行列 $A$ を**交代行列**という．例えば

$$A=\begin{bmatrix}1 & 2\\2 & 1\end{bmatrix},\quad B=\begin{bmatrix}0 & 2\\-2 & 0\end{bmatrix}$$

はそれぞれ**対称行列**，**交代行列**である．

**例 1.6**　$A$ を正方行列とする．このとき，$\frac{1}{2}(A+{}^tA)$ は対称行列であり，$\frac{1}{2}(A-{}^tA)$ は交代行列であることを示せ．

**解**　$C=\frac{1}{2}(A+{}^tA)$ とおく．このとき，${}^tC=C$ が成り立つことを示せばよい．

$$\begin{aligned}{}^tC &= {}^t\left(\frac{1}{2}(A+{}^tA)\right)\\ &= \frac{1}{2}({}^tA+{}^t({}^tA))=\frac{1}{2}({}^tA+A)=C.\end{aligned}$$

よって，$\frac{1}{2}(A+{}^tA)$ が対称行列であることがわかる．

上記と全く同様にして，$\frac{1}{2}(A-{}^tA)$ が交代行列であることを示すことができる．

**問 1.3**　$A=\begin{bmatrix}1 & 2\\3 & 4\end{bmatrix}$ を対称行列と交代行列の和として表せ．

**問 1.4**　$A^2=A$ を満たす正方行列 $A$ を**ベキ等行列**という．${}^tAA=A$ ならば，$A$ はベキ等かつ対称行列であることを示せ．

**問 1.5**　${}^tUU=E$ を満たす正方行列 $U$ を**直交行列**という．
次の行列 $U$ が直交行列となるように正の数 $a$, $b$ の値を求めよ．

$$U=\begin{bmatrix} a & b & -a \\ b & a & a \\ a & -a & b \end{bmatrix}$$

実力をつけるために，代表的な問題を演習問題として与えるので紙と鉛筆を用意して挑戦してみよう．なお，解答は巻末に与える（まずは，自分で考えて解ける喜びを味わってほしい）．

## 演習問題 1

1.　$A=\begin{bmatrix} 2 & 9 \\ 4 & 7 \\ 5 & 3 \end{bmatrix}$,　$B=\begin{bmatrix} 1 & 2 \\ 2 & 0 \end{bmatrix}$,　$C=\begin{bmatrix} 1 \\ 2 \\ 3 \end{bmatrix}$,

$D=\begin{bmatrix} 1 & 2 & 1 \end{bmatrix}$ のとき，次の積が作れればそれを求めよ．

(1) $AB$　(2) $BC$　(3) $CD$

2.　$A=\begin{bmatrix} a & 1 \\ 0 & a \end{bmatrix}$,　$D=\begin{bmatrix} 0 & 1 \\ 0 & 0 \end{bmatrix}$ とする．このとき，

$A=aE+D$ であることを利用して，$A^n$（$n$ は自然数）を求めよ．ただし，$E$ は単位行列とする．

3.　次の各問に答えよ．ただし，行列の成分は実数とする．

(1) $A=\begin{bmatrix} 1 & 0 \\ 0 & 0 \end{bmatrix}$ と可換な行列 $X$（$AX=XA$ を満たす行列 $X$）をすべて求めよ．

(2) 任意の2次正方行列と可換な行列をすべて求めよ．

4.　2次の正方行列 $A$ で，$A^2=O$，$A\neq O$ を満たす行列を求めよ．ただし，行列の成分はすべて実数とする．

答は巻末（演習問題解答）を参照

## 問の解答

**問 1.1** $X = 3A + B = \begin{bmatrix} 4 & 1 \\ 12 & 0 \end{bmatrix}$

**問 1.2** (1) $\begin{bmatrix} -7 & 3 & -4 \\ 22 & 11 & 20 \\ -19 & 5 & -12 \end{bmatrix}$ (2) $\begin{bmatrix} 11 & 16 \\ 31 & -27 \end{bmatrix}$ (3) $\begin{bmatrix} 3 \\ -2 \\ 7 \end{bmatrix}$

(4) $B$ は(3, 2)型で $A$ も(3, 2)型， したがって，積 $BA$ は作れない．

(5) $D$ は(2, 1)型で $C$(2, 3) 型，よって積 $DC$ は作れない． (6) $\begin{bmatrix} 1 \\ -1 \\ 1 \end{bmatrix}$

**問 1.3** $C = \frac{1}{2}(A + {}^tA) = \frac{1}{2}\begin{bmatrix} 2 & 5 \\ 5 & 8 \end{bmatrix}$ は対称行列であり，

$D = \frac{1}{2}(A - {}^tA) = \frac{1}{2}\begin{bmatrix} 0 & -1 \\ 1 & 0 \end{bmatrix}$ は交代行列である．このとき，

$A = C + D$ である．

**問 1.4** 最初に ${}^tA = A$ を示す．

$$ {}^tA = {}^t({}^tAA) = {}^tA{}^t({}^tA) = {}^tAA = A $$

よって，$A$ は対称行列である．次にベキ等であることを示す．$A$ が対称行列であることに注意すれば

$$ A^2 = AA = {}^tAA = A. $$

よって，$A$ はベキ等行列である．

**問 1.5** ${}^tUU = E$ の成分を比較することより，

$2a^2 + b^2 = 1$ …①， $2ab - a^2 = 0$ …②

を得る．②から，$a(2b - a) = 0$ …③．$a > 0$ であるから，③より，$a = 2b$ を得る．これを，①に代入することにより，$b = 1/3$，$a = 2/3$ が得られる．

# § 2 行列の分割，連立 1 次方程式と行列の基本変形

## 2.1 行列の分割

行列の行や列の個数が多くなると，行列の積を計算することは面倒になる．

例えば，

$$A=\begin{bmatrix}1&2&1&0\\3&4&0&1\\0&0&4&5\\0&0&6&7\end{bmatrix}$$

のとき，$A^2$ の計算を考えてみればよい．

行や列の個数が多い場合の行列の積を計算するための，うまい方法がある．もちろん，その方法は積ばかりでなく，和(差)，スカラー倍にも適用できる．では，早速その話に入ろう．

行列に何本かの横線と縦線を入れることによって行と列を分割するとき，それに伴って行列もいくつかの区画(ブロック)に分割される．

$$A=\left[\begin{array}{cc:cc}1&2&1&0\\3&4&0&1\\\hdashline 0&0&4&5\\0&0&6&7\end{array}\right]=\begin{bmatrix}B&E\\O&D\end{bmatrix},$$

ただし，$B=\begin{bmatrix}1&2\\3&4\end{bmatrix}$, $E=\begin{bmatrix}1&0\\0&1\end{bmatrix}$, $O=\begin{bmatrix}0&0\\0&0\end{bmatrix}$, $D=\begin{bmatrix}4&5\\6&7\end{bmatrix}$ である．

このような分割を $A$ の**ブロック分割**あるいは**小行列分割**といい，$B, E, O, D$ をこの分割の**ブロック**あるいは**小行列**という．

$A=\begin{bmatrix}B&E\\O&D\end{bmatrix}$ のとき，$B, E, O, D$ を 1 つの文字 (数字) とみなして，$A^2$ を求めてみよう．

$$A^2=\begin{bmatrix}B&E\\O&D\end{bmatrix}\begin{bmatrix}B&E\\O&D\end{bmatrix}=\begin{bmatrix}B^2&B+D\\O&D^2\end{bmatrix}. \qquad ①$$

ところで，$B^2=\begin{bmatrix}1 & 2\\3 & 4\end{bmatrix}\begin{bmatrix}1 & 2\\3 & 4\end{bmatrix}=\begin{bmatrix}7 & 10\\15 & 22\end{bmatrix}$,

$$B+D=\begin{bmatrix}1 & 2\\3 & 4\end{bmatrix}+\begin{bmatrix}4 & 5\\6 & 7\end{bmatrix}=\begin{bmatrix}5 & 7\\9 & 11\end{bmatrix},$$

$$D^2=\begin{bmatrix}4 & 5\\6 & 7\end{bmatrix}\begin{bmatrix}4 & 5\\6 & 7\end{bmatrix}=\begin{bmatrix}46 & 55\\66 & 79\end{bmatrix}$$

である．これらを，①の各ブロックのところにそれぞれあてはめると，

$$A^2=\begin{bmatrix}7 & 10 & 5 & 7\\15 & 22 & 9 & 11\\0 & 0 & 46 & 55\\0 & 0 & 66 & 79\end{bmatrix}$$

となる．この結果は，通常の方法で直接 $A^2$ を求めた結果と一致する(各自確かめられたい)．

この例ばかりでなく，この方法は行列をうまくブロックに分割することにより，積のみならず，スカラー倍，和(差)にも適用できる．念のため，そのことについてきちんと述べておこう．

$$A=\begin{bmatrix}A_{11} & A_{12}\\A_{21} & A_{22}\end{bmatrix},\quad B=\begin{bmatrix}B_{11} & B_{12}\\B_{21} & B_{22}\end{bmatrix},$$

ここに，$A_{ij}$, $B_{ij}$ $(1\leqq i\leqq 2,\ 1\leqq j\leqq 2)$ はブロック(小行列)とする．

**1° スカラー倍**

$$\lambda A=\begin{bmatrix}\lambda A_{11} & \lambda A_{12}\\\lambda A_{21} & \lambda A_{22}\end{bmatrix}$$

**2° 和**　各 $A_{ij}$ が対応する $B_{ij}$ と同じ型をもつとき．

$$A+B=\begin{bmatrix}A_{11}+B_{11} & A_{12}+B_{12}\\A_{21}+B_{21} & A_{22}+B_{22}\end{bmatrix}$$

**3° 積**　各 $i, j, k$ について $A_{ik}$ の列の数と $B_{kj}$ の行の数が等しいとき，

$$AB=\begin{bmatrix}A_{11}B_{11}+A_{12}B_{21} & A_{11}B_{12}+A_{12}B_{22}\\A_{21}B_{11}+A_{22}B_{21} & A_{21}B_{12}+A_{22}B_{22}\end{bmatrix}.$$

上記のことは，考えている演算が定義できるような任意の分割に対して成り立つ．

**例題 2.1**　次の行列の積を与えられた分割にしたがって計算せよ．

(1) $P=\left[\begin{array}{cc}3 & 2\\ 1 & 0\\ \hdashline 2 & 1\end{array}\right]\left[\begin{array}{cc:c}-1 & 2 & 0\\ 5 & 1 & 4\end{array}\right]$

(2) $Q=\left[\begin{array}{cc:c}1 & 2 & 1\\ 0 & 1 & -1\\ \hdashline 0 & 0 & 1\end{array}\right]\left[\begin{array}{cc:c:cc}1 & 0 & 4 & 0 & 0\\ 0 & 1 & 5 & 0 & 0\\ \hdashline 0 & 0 & 6 & 7 & 8\end{array}\right]$

**解**　(1) $P=\begin{bmatrix}A\\ B\end{bmatrix}\begin{bmatrix}C & D\end{bmatrix}$ とブロック行列で表して，計算を実行すれば，

$P=\begin{bmatrix}AC & AD\\ BC & BD\end{bmatrix}$ となる．ところで，

$$AC=\begin{bmatrix}3 & 2\\ 1 & 0\end{bmatrix}\begin{bmatrix}-1 & 2\\ 5 & 1\end{bmatrix}=\begin{bmatrix}7 & 8\\ -1 & 2\end{bmatrix},$$

$$AD=\begin{bmatrix}3 & 2\\ 1 & 0\end{bmatrix}\begin{bmatrix}0\\ 4\end{bmatrix}=\begin{bmatrix}8\\ 0\end{bmatrix},$$

$$BC=\begin{bmatrix}2 & 1\end{bmatrix}\begin{bmatrix}-1 & 2\\ 5 & 1\end{bmatrix}=\begin{bmatrix}3 & 5\end{bmatrix},$$

$$BD=\begin{bmatrix}2 & 1\end{bmatrix}\begin{bmatrix}0\\ 4\end{bmatrix}=\begin{bmatrix}4\end{bmatrix}$$

であるから，$P=\begin{bmatrix}7 & 8 & 8\\ -1 & 2 & 0\\ 3 & 5 & 4\end{bmatrix}$.

(2) $Q=\begin{bmatrix}A & B\\ O & E_1\end{bmatrix}\begin{bmatrix}E_2 & Y & O\\ O & Z & W\end{bmatrix}$ として，計算を実行すると，

$Q=\begin{bmatrix}A & AY+BZ & BW\\ O & Z & W\end{bmatrix}$. ところで，

$AY+BZ=\begin{bmatrix}1 & 2\\ 0 & 1\end{bmatrix}\begin{bmatrix}4\\ 5\end{bmatrix}+\begin{bmatrix}1\\ -1\end{bmatrix}\begin{bmatrix}6\end{bmatrix}=\begin{bmatrix}20\\ -1\end{bmatrix}$,　$BW=\begin{bmatrix}1\\ -1\end{bmatrix}\begin{bmatrix}7 & 8\end{bmatrix}=\begin{bmatrix}7 & 8\\ -7 & -8\end{bmatrix}$

であるから，

$$Q=\begin{bmatrix}1 & 2 & 20 & 7 & 8\\ 0 & 1 & -1 & -7 & -8\\ 0 & 0 & 6 & 7 & 8\end{bmatrix}.$$

**問 2.1**　$J=\begin{bmatrix}0&1&0&0\\0&0&1&0\\0&0&0&1\\1&0&0&0\end{bmatrix}$をブロックに分割して，$J^2$, $J^3$, $J^4$ を求めよ.

ここで，行列の分割に関する応用例を１つ取り上げておこう.

正方行列 $A$ に対して

$$AX = XA = E \quad (E \text{ は単位行列})$$

を満たす正方行列 $X$ が存在するとき，$A$ は**正則**（あるいは**正則行列**）であるという．$A$ が正則ならば，$X$ は一意的に定まる．この $X$ を $A$ の**逆行列**といい，$A^{-1}$ で表す．したがって，

$$AA^{-1} = A^{-1}A = E$$

となる.

**問 2.2**　$AX = XA = E$ を満たす $X$ があれば，それはただ１つであることを示せ.

**例題 2.2**　$A$, $B$ が，それぞれ $m$ 次，$n$ 次の正則行列であるとき，

$T=\begin{bmatrix}A&C\\O&B\end{bmatrix}$は正則で，

$$T^{-1}=\begin{bmatrix}A^{-1}&-A^{-1}CB^{-1}\\O&B^{-1}\end{bmatrix}$$

であることを示せ.

**解**　$\begin{bmatrix}A&C\\O&B\end{bmatrix}\begin{bmatrix}A^{-1}&-A^{-1}CB^{-1}\\O&B^{-1}\end{bmatrix}=\begin{bmatrix}E&O\\O&E\end{bmatrix}$

であることを示せばよい.

$$
\begin{aligned}
&\begin{bmatrix} A & C \\ O & B \end{bmatrix}\begin{bmatrix} A^{-1} & -A^{-1}CB^{-1} \\ O & B^{-1} \end{bmatrix} \\
&=\begin{bmatrix} AA^{-1} & -A(A^{-1}CB^{-1})+CB^{-1} \\ O & BB^{-1} \end{bmatrix} \\
&=\begin{bmatrix} E & -(AA^{-1})CB^{-1}+CB^{-1} \\ O & E \end{bmatrix}=\begin{bmatrix} E & O \\ O & E \end{bmatrix}.
\end{aligned}
$$

よって，　題意は示された．

**問2.3**　(1) $A=\begin{bmatrix} a & b \\ c & d \end{bmatrix}$のとき，$ad-bc \neq 0$ならば，

$$
A^{-1}=\frac{1}{ad-bc}\begin{bmatrix} d & -b \\ -c & a \end{bmatrix}
$$

であることを示せ．

(2) $T=\begin{bmatrix} 3 & 1 & 1 & 0 \\ 2 & 1 & 0 & 1 \\ 0 & 0 & 5 & 6 \\ 0 & 0 & 4 & 5 \end{bmatrix}$の逆行列 $T^{-1}$ を求めよ．

## 2.2　連立1次方程式の行列表示

例えば，連立1次方程式

$$
\begin{cases} x+2y=4 \\ 3x+5y=11 \end{cases}
$$

は

$$
\begin{bmatrix} 1 & 2 \\ 3 & 5 \end{bmatrix}\begin{bmatrix} x \\ y \end{bmatrix}=\begin{bmatrix} 4 \\ 11 \end{bmatrix}
$$

と行列を用いて表すことができる．このことを連立1次方程式の**行列表示**という．一般に，連立1次方程式

$$\begin{cases} a_{11}x_1 + a_{12}x_2 + \cdots + a_{1n}x_n = b_1 \\ a_{21}x_1 + a_{22}x_2 + \cdots + a_{2n}x_n = b_2 \\ \cdots\cdots\cdots\cdots\cdots\cdots\cdots\cdots\cdots\cdots\cdots \\ a_{m1}x_1 + a_{m2}x_2 + \cdots + a_{mn}x_n = b_m \end{cases} \qquad \text{(i)}$$

は

$$\begin{bmatrix} a_{11} & a_{12} & \cdots & a_{1n} \\ a_{21} & a_{22} & \cdots & a_{2n} \\ \cdots & \cdots & \cdots & \cdots \\ a_{m1} & a_{m2} & \cdots & a_{mn} \end{bmatrix} \begin{bmatrix} x_1 \\ x_2 \\ \vdots \\ x_n \end{bmatrix} = \begin{bmatrix} b_1 \\ b_2 \\ \vdots \\ b_m \end{bmatrix}$$

と行列表示できる．いま，

$$A = \begin{bmatrix} a_{11} & a_{12} & \cdots & a_{1n} \\ a_{21} & a_{22} & \cdots & a_{2n} \\ \cdots & \cdots & \cdots & \cdots \\ a_{m1} & a_{m2} & \cdots & a_{mn} \end{bmatrix}, \ \boldsymbol{x} = \begin{bmatrix} x_1 \\ x_2 \\ \vdots \\ x_n \end{bmatrix}, \ \boldsymbol{b} = \begin{bmatrix} b_1 \\ b_2 \\ \vdots \\ b_m \end{bmatrix}$$

とおくと，(i)は

$$A\boldsymbol{x} = \boldsymbol{b} \qquad \text{(ii)}$$

と表すことができる．このとき，$A$ を**係数行列**といい，これに $\boldsymbol{b}$ を付け加えた $(m,\ n+1)$ 型の行列 $[A \quad \boldsymbol{b}]$ を**拡大係数行列**という．

**問 2.4**　次の連立１次方程式の係数行列と拡大係数行列を求めよ．

(1) $\begin{cases} x + 2y \qquad = 1 \\ 3x - 4y + z = 3 \end{cases}$　　(2) $\begin{cases} x + 2y = 4 \\ x + y \quad = 3 \\ x + 3z = 5 \end{cases}$

## 2.3　行基本変形・列基本変形

連立１次方程式

$$\begin{cases} x + 2y \quad = 4 \\ 3x + 5y = 11 \end{cases}$$

を解いてみよう．右側に対応する拡大行列を示す．

$$\begin{cases} x+2y=4 \\ 3x+5y=11 \end{cases} \qquad \begin{bmatrix} 1 & 2 & 4 \\ 3 & 5 & 11 \end{bmatrix}$$

↓ 2行＋第1行×(−3)

$$\begin{cases} x+2y=4 \\ \quad -y=-1 \end{cases} \qquad \begin{bmatrix} 1 & 2 & 4 \\ 0 & -1 & -1 \end{bmatrix}$$

↓ 第2行×(−1)

$$\begin{cases} x+2y=4 \\ \qquad y=1 \end{cases} \qquad \begin{bmatrix} 1 & 2 & 4 \\ 0 & 1 & 1 \end{bmatrix}$$

↓ 1行＋第2行×(−2)

$$\begin{cases} x \qquad =2 \\ \qquad y=1 \end{cases} \qquad \begin{bmatrix} 1 & 0 & 2 \\ 0 & 1 & 1 \end{bmatrix}$$

この最後の式は $x=2$, $y=1$ であることを意味している．

連立1次方程式は基本的にはこの方法で解くことができる．ここで，用いられている手段は

（Ⅰ）ある行を $c$ $(c \neq 0)$ 倍する．

（Ⅱ）ある行に他の行の何倍かを加える．

である．このことは，右側の拡大係数行列に対しても言えるから，方程式を解くためには，拡大係数行列に対して（Ⅰ)，(Ⅱ）の操作を施せばよいことがわかる．

ところで，連立1次方程式を解くとき，例えば，上記の例で，上の式と下の式を入れ替えてもよいので，上記の（Ⅰ)，(Ⅱ）に「2つの行を入れ替える」を加えた次の3つの操作を**行列の行基本変形**あるいは**行基本操作**という．

**（Ⅰ）ある行を c( c ≠ 0 )倍する．**

**（Ⅱ）ある行に他の行の何倍かを加える．**

**（Ⅲ）2つの行を入れ替える．**

実は，証明は省略するが，(Ⅲ）は（Ⅰ）と（Ⅱ）から得られる．したがって，本質的には(Ⅲ)は不要になるが，(Ⅲ)があるといろいろな面で便利なので，行

基本変形と言えば,(III)を加えるのが通例である.

これに対して，上記の行のところを列で置き換えた次の3つの操作を**列基本変形**あるいは**列基本操作**という.

**(I) ある列を c( c ≠ 0 )倍する.**

**(II) ある列に他の列の何倍かを加える.**

**(III) 2 つの列を入れ替える.**

**例題 2.3**　次の連立1次方程式を，拡大係数行列に行基本変形を行うことによって，解け.

$$\begin{cases} x+2y+2z=3 \\ 2x+3y+2z=1 \\ 5x+3y+3z=-6 \end{cases}$$

**解**

$$\begin{bmatrix} 1 & 2 & 2 & 3 \\ 2 & 3 & 2 & 1 \\ 5 & 3 & 3 & -6 \end{bmatrix}$$

↓2行＋第1行×(−2), 3行＋第1行×(−5)

$$\begin{bmatrix} 1 & 2 & 2 & 3 \\ 0 & -1 & -2 & -5 \\ 0 & -7 & -7 & -21 \end{bmatrix}$$

↓第2行×(−1), 第3行÷(−7)

$$\begin{bmatrix} 1 & 2 & 2 & 3 \\ 0 & 1 & 2 & 5 \\ 0 & 1 & 1 & 3 \end{bmatrix}$$

↓ 3行＋第2行×(−1)

$$\begin{bmatrix} 1 & 2 & 2 & 3 \\ 0 & 1 & 2 & 5 \\ 0 & 0 & -1 & -2 \end{bmatrix}$$

↓ 第3行×(−1)

$$\begin{bmatrix} 1 & 2 & 2 & 3 \\ 0 & 1 & 2 & 5 \\ 0 & 0 & 1 & 2 \end{bmatrix}$$

↓ 1行 + 第3行 × (−2), 2行 + 第3行 × (−2)

$$\begin{bmatrix} 1 & 2 & 0 & -1 \\ 0 & 1 & 0 & 1 \\ 0 & 0 & 1 & 2 \end{bmatrix}$$

↓ 1行 + 第2行 × (−2)

$$\begin{bmatrix} 1 & 0 & 0 & -3 \\ 0 & 1 & 0 & 1 \\ 0 & 0 & 1 & 2 \end{bmatrix}$$

よって，$x = -3$, $y = 1$, $z = 2$.

このように，行基本変形を用いて，連立1次方程式を解くことを「**掃出し法**」あるいは「**ガウスの消去法**」という．§3 でさらに詳しく学ぶことになる．

## 演習問題 2

1. $A = \begin{bmatrix} 1 & 0 & 3 & 4 \\ 0 & -1 & 5 & 6 \\ 0 & 0 & 0 & 1 \\ 0 & 0 & -1 & 0 \end{bmatrix}$ のとき，$A^n$ ($n$ は自然数)を求めよ．

2. 同じ次数をもつ正則行列 $A$, $B$ について，次のことを証明せよ(今後，**公式として利用する**)．
   (1) 積 $AB$ も正則で，$(AB)^{-1} = B^{-1}A^{-1}$.
   (2) $({}^tA)^{-1} = {}^t(A^{-1})$.

3. $A$ は $A^2 + A - 2E = O$ を満たす正方行列とする．このとき $A$ は正則行列であることを示し，$A^{-1}$ を求めよ．

答は巻末(演習問題解答)を参照

## 問の解答

**問2.1**　$J^2=\begin{bmatrix}0&0&1&0\\0&0&0&1\\1&0&0&0\\0&1&0&0\end{bmatrix}$,　$J^3=\begin{bmatrix}0&0&0&1\\1&0&0&0\\0&1&0&0\\0&0&1&0\end{bmatrix}$,　$J^4=E_4$.

**問2.2**　$X$, $Y$ の両者が，仮定を満たすとすると，

$$Y=YE=Y(AX)=(YA)X=EX=X.$$

**問2.3**　(1). 略.

(2) $T=\begin{bmatrix}A&E\\O&B\end{bmatrix}$ とブロック行列で表す．ブロック $A$, $B$ は正則であるから，例題2.2より $T^{-1}=\begin{bmatrix}A^{-1}&-A^{-1}B^{-1}\\0&B^{-1}\end{bmatrix}$．ところで，$A^{-1}=\begin{bmatrix}1&-1\\-2&3\end{bmatrix}$, $B^{-1}=\begin{bmatrix}5&-6\\-4&5\end{bmatrix}$ であるから，

$$A^{-1}B^{-1}=\begin{bmatrix}1&-1\\-2&3\end{bmatrix}\begin{bmatrix}5&-6\\-4&5\end{bmatrix}=\begin{bmatrix}9&-11\\-22&27\end{bmatrix}.$$

よって，$T^{-1}=\begin{bmatrix}1&-1&-9&11\\-2&3&22&-27\\0&0&5&-6\\0&0&-4&5\end{bmatrix}$.

**問2.4**　係数行列を $A$，拡大係数行列を $\widetilde{A}$ で表す．

(1) $A=\begin{bmatrix}1&2&0\\3&-4&1\end{bmatrix}$,　$\widetilde{A}=\begin{bmatrix}1&2&0&1\\3&-4&1&3\end{bmatrix}$.

(2) $A=\begin{bmatrix}1&2&0\\1&1&0\\1&0&3\end{bmatrix}$,　$\widetilde{A}=\begin{bmatrix}1&2&0&4\\1&1&0&3\\1&0&3&5\end{bmatrix}$.

# §3 行列の階数と連立1次方程式

## 3.1 階段行列と行列の階数

§2の例題2.3で，連立1次方程式を行基本変形を用いて解いた．その際，最後に

$$\begin{bmatrix} 1 & 0 & 0 & -3 \\ 0 & 1 & 0 & 1 \\ 0 & 0 & 1 & 2 \end{bmatrix}$$

が残った．このような形の行列を，階段行列と呼ぶのであるが，ここで，階段行列の定義を与えよう．

**定義 3.1**

ある行までは行の番号が増すにつれて，左側に連続して並ぶ0の個数が増え，その行より下はすべての成分が0であるような行列を**階段行列**という．なお，便宜上，零行列 $O$ は階段行列と約束する．

例えば，$\begin{bmatrix} 1 & 2 & 1 \\ 0 & 1 & -1 \\ 0 & 0 & 0 \end{bmatrix}$，$\begin{bmatrix} 0 & 3 & 4 & 2 & 6 \\ 0 & 0 & 5 & 0 & 2 \\ 0 & 0 & 0 & 7 & 8 \end{bmatrix}$ は階段行列であるが，

$\begin{bmatrix} 1 & 0 & 0 & -3 \\ 0 & 1 & 0 & 1 \\ 0 & 1 & 1 & 2 \end{bmatrix}$ は階段行列ではない．

**注**．本書では，階段行列を上記のように定義したが，さらに基本変形を行い

$$\begin{bmatrix} 0 & 1 & 0 & * & * \\ 0 & 0 & 1 & * & * \\ 0 & 0 & 0 & 0 & 0 \end{bmatrix}$$

のような形をした行列を階段行列と定義している場合が多いので他書を読む

場合は注意されたい．

なぜ，階段行列と言うのかは左側に連続して並ぶ０の配置を見れば得心できるであろう．また，連立１次方程式を解くことは，拡大係数行列を掃出し法（行基本変形を用いる方法）で階段行列にすることに他ならない．

**例題 3.1**　次の行列の階段行列を求めよ．

$$A=\begin{bmatrix}-2 & 3 & -1\\ 0 & 1 & 3\\ -1 & 2 & 1\end{bmatrix}$$

**解**　記述を簡略にするために，第１行，２行，３行をそれぞれ①，②，③と表す．以後同様に表すことにする．

$$\begin{array}{l} A \\ \downarrow \text{①と③を入れ替える} \\ \begin{bmatrix}-1 & 2 & 1\\ 0 & 1 & 3\\ -2 & 3 & -1\end{bmatrix} \\ \downarrow \text{③} + \text{①} \times (-2) \\ \begin{bmatrix}-1 & 2 & 1\\ 0 & 1 & 3\\ 0 & -1 & -3\end{bmatrix} \\ \downarrow \text{①} \times (-1),\ \text{③} + \text{②} \\ \begin{bmatrix}1 & -2 & -1\\ 0 & 1 & 3\\ 0 & 0 & 0\end{bmatrix} \quad (\text{階段行列}). \end{array}$$

**注**　定義 3.1 の形になっていれば，上記の答にこだわらなくてよい．与えられた行列を階段行列にするとき，行操作の方法が異なると，途中の行列は異なるが，行変形の使い方に関係なく同じ階段行列を得ることができる．

次に，応用上重要な行列の階数の定義を与えよう．

**定義 3.2**

行列 $A$ の階段行列を $B$ とするとき，$B$ の零ベクトル(成分がすべて 0 であるベクトル)でない行の個数 $r$ を，行列 $A$ の**階数**(rank)と言い，$\mathrm{rank}\,A = r$ で表す．なお，**零行列の階数**は 0 と約束する．

例えば，例題 3.1 の行列 $A = \begin{bmatrix} -2 & 3 & -1 \\ 0 & 1 & 3 \\ -1 & 2 & 1 \end{bmatrix}$ の場合は，その階段行列が，$B = \begin{bmatrix} 1 & -2 & -1 \\ 0 & 1 & 3 \\ 0 & 0 & 0 \end{bmatrix}$ であるから，$\mathrm{rank}\,A = 2$ である．

**例題 3.2**　次の行列の階数を求めよ．

$$A = \begin{bmatrix} 0 & 2 & 3 & 2 & 3 \\ 1 & 3 & 0 & 1 & 2 \\ -2 & 0 & 9 & 4 & 5 \\ 2 & 2 & -6 & -2 & -2 \end{bmatrix}$$

**解**

$$A$$

↓①と②を入れ替える

$$\begin{bmatrix} 1 & 3 & 0 & 1 & 2 \\ 0 & 2 & 3 & 2 & 3 \\ -2 & 0 & 9 & 4 & 5 \\ 2 & 2 & -6 & -2 & -2 \end{bmatrix}$$

↓③ + ①×2，④ + ①×(−2)

$$\begin{bmatrix} 1 & 3 & 0 & 1 & 2 \\ 0 & 2 & 3 & 2 & 3 \\ 0 & 6 & 9 & 6 & 9 \\ 0 & -4 & -6 & -4 & -6 \end{bmatrix}$$

↓③×(1/3)，④×(−1/2)

$$\begin{bmatrix} 1 & 3 & 0 & 1 & 2 \\ 0 & 2 & 3 & 2 & 3 \\ 0 & 2 & 3 & 2 & 3 \\ 0 & 2 & 3 & 2 & 3 \end{bmatrix}$$

$$\downarrow ③+②\times(-1),\ ④+②\times(-1)$$

$$\begin{bmatrix} 1 & 3 & 0 & 1 & 2 \\ 0 & 2 & 3 & 2 & 3 \\ 0 & 0 & 0 & 0 & 0 \\ 0 & 0 & 0 & 0 & 0 \end{bmatrix}$$

よって，$\mathrm{rank}\,A=2$ である．

**問 3.1**　次の行列の階数を求めよ．

(1) $A=\begin{bmatrix} 1 & 1 & 2 & 5 \\ 1 & 2 & 3 & 7 \\ 1 & 3 & 4 & 9 \end{bmatrix}$　　(2) $B=\begin{bmatrix} 2 & -1 & 3 & 3 \\ 1 & 1 & 9 & 5 \\ -2 & 2 & 2 & -6 \end{bmatrix}$

## 3.2　行列の階数と連立1次方程式

次の連立1次方程式を解くことを考えてみよう．

$$(\mathrm{I})\ \begin{cases} x+2y=4 \\ 2x+4y=8 \end{cases} \qquad (\mathrm{II})\ \begin{cases} x+2y=1 \\ 2x+4y=3 \end{cases}$$

方程式(Ⅰ)は下の式を2で割ると両者は一致するから，無数に解を持つ．その解は $x=t$，$y=-t/2+2$ ($t$ は任意定数)である．

方程式(Ⅱ)は，2つの直線の交点の座標が連立1次方程式の解であることに注意すれば，この方程式の2つの直線は決して交わることがないから，解を持たない．

ここで，上記の方程式の係数行列 $A$ と拡大係数行列 $[A\ \ \boldsymbol{b}]$ の階数を調べてみよう．

方程式(Ⅰ)の場合．

$A=\begin{bmatrix} 1 & 2 \\ 2 & 4 \end{bmatrix}$，$[A\ \ \boldsymbol{b}]=\begin{bmatrix} 1 & 2 & 4 \\ 2 & 4 & 8 \end{bmatrix}$ である．いま，それぞれに行基本変形を施すと，それぞれ

$$\begin{bmatrix} 1 & 2 \\ 0 & 0 \end{bmatrix},\ \begin{bmatrix} 1 & 2 & 4 \\ 0 & 0 & 0 \end{bmatrix}$$

となる．よって，$\mathrm{rank}\,A = \mathrm{rank}[A \quad \boldsymbol{b}] = 1$.

方程式(Ⅱ)の場合．

$A = \begin{bmatrix} 1 & 2 \\ 2 & 4 \end{bmatrix}$, $[A \quad \boldsymbol{b}] = \begin{bmatrix} 1 & 2 & 1 \\ 2 & 4 & 3 \end{bmatrix}$ である．いま，それぞれに行基本変形を施すと，

$$\begin{bmatrix} 1 & 2 \\ 0 & 0 \end{bmatrix}, \quad \begin{bmatrix} 1 & 2 & 1 \\ 0 & 0 & 1 \end{bmatrix}$$

となる．よって，$\mathrm{rank}\,A = 1 < \mathrm{rank}[A \quad \boldsymbol{b}] = 2$.

**問 3.2**　次の連立１次方程式が解を持つかどうかを調べよ．また，係数行列と拡大係数行列の階数を求めよ．

$$\begin{cases} x + 2y = 5 \\ 2x + 3y = 8 \end{cases}$$

一般に，連立１次方程式 $A\boldsymbol{x} = \boldsymbol{b}$ に解くのには，拡大係数行列 $[A \quad \boldsymbol{b}]$ に行基本変形を繰り返し施して，$[B \quad \boldsymbol{b}']$ に変形すればよい．ただし，$B$ は $A$ の階段行列である．このことと，上記で述べたことから，$m \times n$ 行列 $A$ を係数とする連立１次方程式 $A\boldsymbol{x} = \boldsymbol{b}$ の解の存在と一意性について，次の定理が成り立つことがわかる．

**定理 3.1**

(1) $A\boldsymbol{x} = \boldsymbol{b}$ がただ１つの解を持つ $\Longleftrightarrow$ $\mathrm{rank}\,A = \mathrm{rank}[A \quad \boldsymbol{b}] = n$

(2) $A\boldsymbol{x} = \boldsymbol{b}$ が無限に多くの解を持つ $\Longleftrightarrow$ $\mathrm{rank}\,A = \mathrm{rank}[A \quad \boldsymbol{b}] < n$

(3) $A\boldsymbol{x} = \boldsymbol{b}$ が解を持たない $\Longleftrightarrow$ $\mathrm{rank}\,A < \mathrm{rank}[A \quad \boldsymbol{b}]$

ここに，記号「$\Longleftrightarrow$」は同値(必要十分条件)であることを意味する．

連立１次方程式 $A\boldsymbol{x} = \boldsymbol{b}$ において，ベクトル $\boldsymbol{b} = \boldsymbol{0}$ のとき，すなわち，$A\boldsymbol{x} = \boldsymbol{0}$ のとき，この方程式を**同次連立１次方程式**あるいは単に**同次方程式**という．

同次方程式は解 $\boldsymbol{x} = \boldsymbol{0}$ を持つ．これを**自明な解**という．定理 3.1(2) より次

の系がただちに得られる．

**系 3.2**　$A$ は $m\times n$ 行列とする．このとき，同次方程式 $A\boldsymbol{x}=\boldsymbol{0}$ は $m<n$ のとき，かならず自明でない解 $\boldsymbol{x}$ を持つ．

**例題 3.3**　次の連立1次方程式の係数行列と拡大係数行列の階数を求めて，解があるかどうか調べよ．解があればそれを求めよ．

$$\begin{cases} x+2y+2z=3 \\ 2x+3y+2z=1 \\ 5x+3y+3z=-6 \end{cases}$$

**解**　係数行列，拡大係数行列をそれぞれ $A$, $[A\ \ \boldsymbol{b}]$ とおく．

$$[A\ \ \boldsymbol{b}]$$

$$\downarrow ②+①\times(-2),\ ③+①\times(-5)$$

$$\begin{bmatrix} 1 & 2 & 2 & 3 \\ 0 & -1 & -2 & -5 \\ 0 & -7 & -7 & -21 \end{bmatrix}$$

$$\downarrow ②\times(-1),\ ③\times(-1/7)$$

$$\begin{bmatrix} 1 & 2 & 2 & 3 \\ 0 & 1 & 2 & 5 \\ 0 & 1 & 1 & 3 \end{bmatrix}$$

$$\downarrow ③+②\times(-1)$$

$$\begin{bmatrix} 1 & 2 & 2 & 3 \\ 0 & 1 & 2 & 5 \\ 0 & 0 & -1 & -2 \end{bmatrix} \qquad (*)$$

最後の行列（$*$）から，$\mathrm{rank}\,A=\mathrm{rank}[A\ \ \boldsymbol{b}]=3$ であることがわかる．よって，ただ1組の解を持つ．ここで，最後の行列（$*$）に繰り返し行基本変形を施すと

$$\begin{bmatrix} 1 & 0 & 0 & -3 \\ 0 & 1 & 0 & 1 \\ 0 & 0 & 1 & 2 \end{bmatrix}$$

となる．よって，求める解は

$$x=-3,\quad y=1,\quad z=2.$$

**注**　行列(＊)を方程式の形に書き直すと

$$\begin{cases} x+2y+2z=3 \\ \quad\ \ y+2z=5 \\ \quad\quad\ -z=-2 \end{cases}$$

となる．これを解くことにより

$$x=-3,\quad y=1,\quad z=2$$

を得る．もちろんこのように解いてもよい．

**問3.3**　次の連立1次方程式は解を持つか．もし持つならばその解を求めよ．

(1) $\begin{cases} x-2y+4z=9 \\ 3x-4y+2z=1 \\ 4x-5y+z=-3 \end{cases}$　(2) $\begin{cases} x+2y+3z=1 \\ x+2y-z=2 \\ 3x+6y+z=3 \end{cases}$

## 3.3　掃き出し法による逆行列の求め方

ここでは掃き出し法を用いて（すなわち行基本変形を用いて），逆行列を求める計算方法について学ぶ．

具体的な話から始めよう．いま，行列 $A=\begin{bmatrix}1 & 2\\ 2 & 5\end{bmatrix}$ の逆行列を求めることを考えよう．それは

$$\begin{bmatrix}1 & 2\\ 2 & 5\end{bmatrix}\begin{bmatrix}x & u\\ y & v\end{bmatrix}=\begin{bmatrix}1 & 0\\ 0 & 1\end{bmatrix}$$

を満たす $x$, $y$, $u$, $v$ を求めればよい．そのためには，

$$\begin{bmatrix}1 & 2\\ 2 & 5\end{bmatrix}\begin{bmatrix}x\\ y\end{bmatrix}=\begin{bmatrix}1\\ 0\end{bmatrix},\quad \begin{bmatrix}1 & 2\\ 2 & 5\end{bmatrix}\begin{bmatrix}u\\ v\end{bmatrix}=\begin{bmatrix}0\\ 1\end{bmatrix} \qquad ①$$

を別々に解けばよい．ところが，係数行列が等しいので，係数行列と

$\begin{bmatrix}1\\0\end{bmatrix}$, $\begin{bmatrix}0\\1\end{bmatrix}$ を並べて一度に解ければ効率がよい．そこで，次の行列を考える．

$$\overset{\quad A \qquad\qquad E}{\begin{bmatrix}1 & 2 & \vdots & 1 & 0\\ 2 & 5 & \vdots & 0 & 1\end{bmatrix}}$$

この行列に対し，掃出し法を用いて $A$ の下の小行列 $\begin{bmatrix}1 & 2\\ 2 & 5\end{bmatrix}$ が $\begin{bmatrix}1 & 0\\ 0 & 1\end{bmatrix}$ になるまで, 変形を行うと上記の行列は

$$\begin{bmatrix}1 & 0 & \vdots & 5 & -2\\ 0 & 1 & \vdots & -2 & 1\end{bmatrix}$$

となる．この行列の右側の小行列の列ベクトルは，それぞれ①の2つの方程式の解であるから，求める逆行列になっている．

このことから，$n$ 次正方行列 $A$ から，逆行列 $A^{-1}$ を求めるためには次のようにすればよいことがわかる．

(1) $A$ と $n$ 次の単位行列 $E_n$ を横に並べた行列

$$[A|E_n]$$

を作る．

(2) $[A|E_n]$ を掃き出し法で $[E_n|B]$ を導く．

(3) (2)の形が得られれば，$A^{-1}=B$ である．

**注**　(2)の形にならないときは，逆行列を持たない．

**例題 3.4**　掃き出し法によって次の行列の逆行列を求めよ．

$$A=\begin{bmatrix}1 & 2 & 1\\ 2 & 5 & 0\\ 3 & 3 & 8\end{bmatrix}$$

**解**　$[A|E_3]$ に行基本変形を施す．

| | | | | | | |
|---|---|---|---|---|---|---|
| 1 | 2 | 1 | 1 | 0 | 0 | |
| 2 | 5 | 0 | 0 | 1 | 0 | ② + ① ×(−2) |
| 3 | 3 | 8 | 0 | 0 | 1 | ③ + ① ×(−3) |
| 1 | 2 | 1 | 1 | 0 | 0 | |
| 0 | 1 | −2 | −2 | 1 | 0 | |
| 0 | −3 | 5 | −3 | 0 | 1 | ③ + ② × 3 |
| 1 | 2 | 1 | 1 | 0 | 0 | |
| 0 | 1 | −2 | −2 | 1 | 0 | |
| 0 | 0 | −1 | −9 | 3 | 1 | ③ ×(−1) |
| 1 | 2 | 1 | 1 | 0 | 0 | |
| 0 | 1 | −2 | −2 | 1 | 0 | ② + ③ × 2 |
| 0 | 0 | 1 | 9 | −3 | −1 | |
| 1 | 2 | 1 | 1 | 0 | 0 | |
| 0 | 1 | 0 | 16 | −5 | −2 | ① + ② ×(−2) |
| 0 | 0 | 1 | 9 | −3 | −1 | |
| 1 | 0 | 1 | −31 | 10 | 4 | ① + ③ ×(−1) |
| 0 | 1 | 0 | 16 | −5 | −2 | |
| 0 | 0 | 1 | 9 | −3 | −1 | |
| 1 | 0 | 0 | −40 | 13 | 5 | |
| 0 | 1 | 0 | 16 | −5 | −2 | |
| 0 | 0 | 1 | 9 | −3 | −1 | |

よって，

$$A^{-1} = \begin{bmatrix} -40 & 13 & 5 \\ 16 & -5 & -2 \\ 9 & -3 & -1 \end{bmatrix}.$$

上記のことから，ただちに次の定理が得られる．

**定理 3.3**　$n$ 次の正方行列 $A$ が正則である（すなわち逆行列を持つ）ための必要十分条件は $\mathrm{rank}\,A = n$ である．

**問 3.4**　掃き出し法によって，次の行列の逆行列を求めよ．

$$A = \begin{bmatrix} 1 & 3 \\ 3 & 10 \end{bmatrix}, \quad B = \begin{bmatrix} 1 & 1 & 1 \\ 2 & 3 & 5 \\ 3 & 5 & 12 \end{bmatrix}$$

**演習問題3**

1．行列 $A=\begin{bmatrix}1 & 1 & k\\ 1 & k & 1\\ k & 1 & 1\end{bmatrix}$ について，次の各問に答えよ．

(1) $\mathrm{rank}\,A=1$ となるように，定数 $k$ の値を定めよ．

(2) $\mathrm{rank}\,A=3$ となるように，定数 $k$ の値の条件を定めよ．

2．連立1次方程式

$$\begin{cases}x+2y+3z=a\\ -x-y+5z=a-2\\ 2x+ay-2z=2\end{cases}$$

がそれぞれ

(1) ただ1組の解を持つ

(2) 無限に多くの解を持つ

ように定数 $a$ の値を定めよ．

3．次の連立1次方程式が自明でない解を持つように定数 $a$ の値を定めよ．

$$\begin{cases}x+y+z=0\\ x+ay+z=0\\ ax+y=0\end{cases}$$

答は巻末(演習問題解答)を参照

**問の解答**

**問3.1**　(1) $\mathrm{rank}\,A=2$　　(2) $\mathrm{rank}\,B=3$

**問3.2**　与えられている2本の直線はただ1点で交わるから，1組の解を持つ．

$$\mathrm{rank}\,A=\mathrm{rank}[A\quad \boldsymbol{b}]=2.$$

**問3.3**　記述を簡略化するために，行列 $A$ が掃き出し法によって $B$ になったとき，$A \sim B$ で表す．

(1) $[A \quad \boldsymbol{b}] \sim \begin{bmatrix} 1 & 0 & -6 & -17 \\ 0 & 1 & -5 & -13 \\ 0 & 0 & 0 & 0 \end{bmatrix}$．よって，　$\mathrm{rank}\,A = \mathrm{rank}[A \quad \boldsymbol{b}] = 2 < 3$．

したがって，定理3.1(2)より，無限に多くの解を持つ．上記の行列から

$$\begin{cases} x - 6z = -17 \\ y - 5z = -13 \end{cases}$$

を得る．$z = t$ とおくと，$x = 6t - 17$，$y = 5t - 13$，$z = t$ ($t$ は任意定数)．

(2) $[A \quad \boldsymbol{b}] \sim \begin{bmatrix} 1 & 2 & 0 & 1 \\ 0 & 0 & 1 & 0 \\ 0 & 0 & 0 & 1 \end{bmatrix}$．このことから，$A \sim \begin{bmatrix} 1 & 2 & 0 \\ 0 & 0 & 1 \\ 0 & 0 & 0 \end{bmatrix}$ であることもわかる．よって，

$\mathrm{rank}\,A = 2 < \mathrm{rank}[A \quad \boldsymbol{b}] = 3$ となり，解を持たない．

**問 3.4**

(1) $A^{-1} = \begin{bmatrix} 10 & -3 \\ -3 & 1 \end{bmatrix}$

(2) $B^{-1} = \dfrac{1}{3}\begin{bmatrix} 11 & -7 & 2 \\ -9 & 9 & -3 \\ 1 & -2 & 1 \end{bmatrix}$

# 第２章

# 行列式

## §4 行列式の定義と性質

### 4.1　2次，3次の行列式の定義

行列式は理工学系や情報科学系等の学問を学ぶ上で，特に必要とする道具の１つである．行列式の定義の仕方はいろいろと知られているが，本書ではオーソドックスなスタイルで話を進めることにする．

２次正方行列を係数行列とする連立１次方程式

$$\begin{cases} a_{11}x_1 + a_{12}x_2 = b_1 \\ a_{21}x_1 + a_{22}x_2 = b_2 \end{cases} \tag{I}$$

から，未知数 $x_1$, $x_2$ を求めることを考えてみよう．

(I)の第１式を①，第２式を②と表すことにする．

①$\times a_{22}-$②$\times a_{12}$，①$\times a_{21}-$②$\times a_{11}$ によって，それぞれ $x_1$, $x_2$ を消去すると

$$(a_{11}a_{22}-a_{12}a_{21})x_1 = b_1a_{22}-b_2a_{12},$$
$$(a_{11}a_{22}-a_{12}a_{21})x_2 = b_2a_{11}-b_1a_{21}$$

を得る．いま，$D=a_{11}a_{22}-a_{12}a_{21}\neq 0$ とすると

$$x_1 = \frac{b_1 a_{22} - b_2 a_{12}}{D}, \quad x_2 = \frac{b_2 a_{11} - b_1 a_{21}}{D}$$

となる．このとき，$x_1$, $x_2$ の解の分母は共通で

$$D = a_{11}a_{22} - a_{12}a_{21} \qquad ③$$

である．一方，方程式(Ⅰ)の係数行列は

$$A = \begin{bmatrix} a_{11} & a_{12} \\ a_{21} & a_{22} \end{bmatrix}$$

である．そこで, 2 次正方行列 $A = [a_{ij}]$ が与えられたとき，③の値を $A$ の**行列式**(determinant)といい,

$$|A| = \begin{vmatrix} a_{11} & a_{12} \\ a_{21} & a_{22} \end{vmatrix} = a_{11}a_{22} - a_{12}a_{21}$$

と書く．また，$\mathbf{det}\,\boldsymbol{A}$ とも表す．なお，$\det A$ は determinant（ディターミナント）$A$ と読む.

例えば，行列 $A = \begin{bmatrix} 2 & 3 \\ 3 & 5 \end{bmatrix}$ の行列式の値は，上記の定義から,

$$|A| = \begin{vmatrix} 2 & 3 \\ 3 & 5 \end{vmatrix} = 10 - 9 = 1$$

となる．

次に, 3 次正方行列を係数行列とする連立 1 次方程式

$$\begin{cases} a_{11}x_1 + a_{12}x_2 + a_{13}x_3 = b_1 \\ a_{21}x_1 + a_{22}x_2 + a_{23}x_3 = b_2 \\ a_{31}x_1 + a_{32}x_2 + a_{33}x_3 = b_3 \end{cases} \qquad (\text{II})$$

から，未知数 $x_1$, $x_2$, $x_3$ を求めることを考えてみよう．

$$D = a_{11}a_{22}a_{33} + a_{13}a_{21}a_{32} + a_{12}a_{23}a_{31} - a_{13}a_{22}a_{31} \\ - a_{11}a_{23}a_{32} - a_{12}a_{21}a_{33} \qquad ④$$

とおくと，$D \neq 0$ のとき,(Ⅱ)はただ 1 組の解をもち

$$x_1 = \frac{D_1}{D}, \quad x_2 = \frac{D_2}{D}, \quad x_3 = \frac{D_3}{D}$$

である．ここに，$D_j$ $(j = 1, 2, 3)$ は $D$ における $a_{1j}$, $a_{2j}$, $a_{3j}$ をそれぞれ $b_1$, $b_2$, $b_3$ に置き換えて得られる式である．

そこで，2次正方行列の場合とまったく同様にして，任意の3次正方行列 $A=[a_{ij}]$ に対して④の値を $A$ の**行列式**といい，

$$|A|=\begin{vmatrix} a_{11} & a_{12} & a_{13} \\ a_{21} & a_{22} & a_{23} \\ a_{31} & a_{32} & a_{33} \end{vmatrix}$$

$$=a_{11}a_{22}a_{33}+a_{13}a_{21}a_{32}+a_{12}a_{23}a_{31}-a_{13}a_{22}a_{31}-a_{11}a_{23}a_{32}-a_{12}a_{21}a_{33}$$

と書く．また，$\det A$ とも表す．

2次正方行列，3次正方行列の行列式をそれぞれ**2次の行列式**，**3次の行列式**という．

2次，3次の行列式の値を計算するとき，図4.1のようにすると覚えやすいし分かりやすい．それは**サラスの方法**(あるいは**サラスの展開**)と呼ばれている．

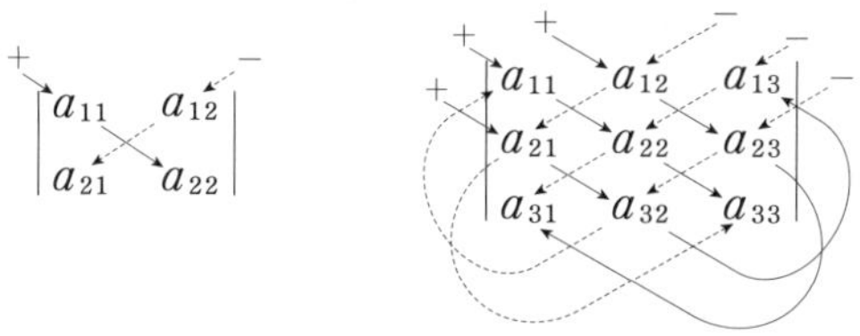


図4.1(サラスの方法)

> **例題 4.1**　次の行列式の値を求めよ．
>
> $$|A|=\begin{vmatrix} 1 & 2 \\ 3 & 4 \end{vmatrix},\quad |B|=\begin{vmatrix} 1 & 2 & 3 \\ 3 & 2 & 1 \\ 4 & 5 & 6 \end{vmatrix},\quad |C|=\begin{vmatrix} 2 & 1 & -1 \\ 1 & 3 & 1 \\ 2 & 1 & 1 \end{vmatrix}$$

**解**　サラスの方法にしたがって求める．

$$|A|=1\times4-3\times2=-2.$$

$$|B|=1\times2\times6+3\times5\times3+2\times1\times4$$
$$-(3\times2\times4+1\times5\times1+2\times3\times6)=0.$$

$$|C|=2\times3\times1+1\times1\times(-1)+1\times1\times2$$
$$-((-1)\times3\times2+1\times1\times2+1\times1\times1)=10.$$

**問 4.1**　次の行列式の値を求めよ

(1) $\begin{vmatrix} 2 & 3 \\ -4 & 7 \end{vmatrix}$　　(2) $\begin{vmatrix} 2 & -3 & 1 \\ 5 & -4 & 9 \\ 6 & 1 & 5 \end{vmatrix}$

(3) $\begin{vmatrix} 2 & 17 & 42 \\ 0 & 5 & 61 \\ 0 & 0 & 7 \end{vmatrix}$　　(4) $\begin{vmatrix} a & b & c \\ c & a & b \\ b & c & a \end{vmatrix}$

次に $n$ 次の行列式（$n$ 次正方行列の行列式）の定義の話に移ろう．そのための準備を行う．なお，$n$ は自然数で，以下も同様とする．

## 4.2　置換

自然数 1, 2, …, $n$ を並べ替えて $i_1$, $i_2$, …, $i_n$ になったとき，この「並べ替え方」を 1, 2, …, $n$ の**置換**とよび

$$\begin{pmatrix} 1 & 2 & \cdots & n \\ i_1 & i_2 & \cdots & i_n \end{pmatrix} \tag{1}$$

と表す．例えば，3 つの自然数 1, 2, 3 を 3, 1, 2 と並べ替えたとしよう．このとき

$$\begin{pmatrix} 1 & 2 & 3 \\ 3 & 1 & 2 \end{pmatrix} \tag{2}$$

と表す．

このことは見方を変えれば，(2) は

$$\sigma : 1 \longrightarrow 3, \quad 2 \longrightarrow 1, \quad 3 \longrightarrow 2$$

なる 1 対 1 写像 $\sigma$ にほかならない．

そこで，$\sigma = \begin{pmatrix} 1 & 2 & 3 \\ 3 & 1 & 2 \end{pmatrix}$ などと表すことにする．

恒等写像 $\sigma_0 : 1 \to 1$, $2 \to 2$, …, $n \to n$ で定まる置換

$$\sigma_0 = \begin{pmatrix} 1 & 2 & \cdots & n \\ 1 & 2 & \cdots & n \end{pmatrix}$$

を**恒等置換**という．

置換 (1) において，この並べ替えは，1, 2, …, $n$ を 2 個ずつ何回か入れ替えて実現する．

例えば，(2) の場合，下段 (3　1　2) は上段 (1　2　3) を，次のように 2 個ずつの入れ替えを 2 回行うことで実現する．

3 と 1 を入れ替える　　1 と 2 を入れ替える

(1　2　3)→(3　2　1)→(3　1　2)

入れ替え方はいろいろあるが，その回数が偶数回であるか奇数回であるかは，置換ごとに決まることが知られている．そこで，その入れ替えの回数が

偶数回のとき　$\operatorname{sgn}\begin{pmatrix} 1 & 2 & \cdots & n \\ i_1 & i_2 & \cdots & i_n \end{pmatrix} = 1,$

奇数回のとき　$\operatorname{sgn}\begin{pmatrix} 1 & 2 & \cdots & n \\ i_1 & i_2 & \cdots & i_n \end{pmatrix} = -1$

とおき，**置換の符号**と呼ぶ．

例えば，上記から，$\operatorname{sgn}\begin{pmatrix} 1 & 2 & 3 \\ 3 & 1 & 2 \end{pmatrix} = 1$ である．

符号が 1 である置換を**偶置換**，$-1$ の置換を**奇置換**という．恒等置換は偶置換である．

**問 4.2**　次の置換の符号を求めよ．

(1) $\begin{pmatrix} 1 & 2 & 3 \\ 1 & 2 & 3 \end{pmatrix}$　　(2) $\begin{pmatrix} 1 & 2 & 3 \\ 2 & 3 & 1 \end{pmatrix}$　　(3) $\begin{pmatrix} 1 & 2 & 3 \\ 1 & 3 & 2 \end{pmatrix}$

置換 $\sigma$ を 1 対 1 の写像とみなしたとき，その逆写像に対応する置換を**逆置換**といい，$\sigma^{-1}$ で表す．

ここで，置換 $\sigma = \begin{pmatrix} 1 & 2 & 3 \\ 3 & 1 & 2 \end{pmatrix}$ の逆置換を求めてみよう．

$$\text{写像}\quad \sigma:1\to 3,\ 2\to 1,\ 3\to 2$$

の逆写像は

$$\sigma^{-1}:3\to 1,\ 1\to 2,\ 2\to 3$$

であるから，逆置換は

$$\sigma^{-1}=\begin{pmatrix}1 & 2 & 3\\ 2 & 3 & 1\end{pmatrix}$$

である．逆置換は元の置換の上段と下段を入れ替えたあと，上段が $(1\quad 2\quad 3)$ となるように並べ替えたものに他ならない．

ここで，逆置換

$$\sigma^{-1}=\begin{pmatrix}1 & 2 & 3\\ 2 & 3 & 1\end{pmatrix}$$

の符号がどうなるか考えてみよう．元の置換 $\begin{pmatrix}1 & 2 & 3\\ 3 & 1 & 2\end{pmatrix}$ は，上記で述べた通り 3 と 1 を入れ替え，次に 1 と 2 を入れ替えの 2 回で実現した．この入れ替えの逆をたどると，逆置換の入れ替えが実現する．　実際，

$$\begin{array}{ccccc} & \text{1と2を入れ替える} & & \text{3と1を入れ替える} & \\ (1\quad 2\quad 3) & \to & (2\quad 1\quad 3) & \to & (2\quad 3\quad 1)\end{array}$$

により，逆置換 $\sigma^{-1}=\begin{pmatrix}1 & 2 & 3\\ 2 & 3 & 1\end{pmatrix}$ が得られる．

このことから，$\operatorname{sgn}\sigma=\operatorname{sgn}\sigma^{-1}=1$ であることがわかる．この事実は任意の置換に対しても成り立つ．

**問 4.3**　次の置換の逆置換を求めさらにその符号を求めよ．

(1) $\begin{pmatrix}1 & 2 & 3\\ 3 & 2 & 1\end{pmatrix}$　　(2) $\begin{pmatrix}1 & 2 & 3\\ 2 & 1 & 3\end{pmatrix}$

以上で準備が整ったので，一般の場合の定義の話に移ろう．

## 4.3　一般の行列式の定義

**定義 4.1**

$(i,\ j)$ 成分が $a_{ij}$ の $n$ 次正方行列 $A$ の各行から，1 つずつ列の重複のないように $n$ 個の成分をとり，

$$a_{1i_1}a_{2i_2}\cdots a_{ni_n}$$

に置換 $\begin{pmatrix} 1 & 2 & \cdots & n \\ i_1 & i_2 & \cdots & i_n \end{pmatrix}$ の符号 $\mathrm{sgn}\begin{pmatrix} 1 & 2 & \cdots & n \\ i_1 & i_2 & \cdots & i_n \end{pmatrix}$ を掛けたものの総和（$n!$ 個の和）

$$\sum_{i_1,\,i_2,\,\cdots,\,i_n} \mathrm{sgn}\begin{pmatrix} 1 & 2 & \cdots & n \\ i_1 & i_2 & \cdots & i_n \end{pmatrix} a_{1i_1}a_{2i_2}\cdots a_{ni_n}$$

を，$n$ 次正方行列の $\boldsymbol{A}$ **の行列式**と呼び，$|\boldsymbol{A}|$ あるいは $\mathbf{det}\,\boldsymbol{A}$ で表す．

上記の定義が $n=2,\ 3$ の場合を含んでいることを示そう．

$n=2$ のときの置換は，$\begin{pmatrix} 1 & 2 \\ 1 & 2 \end{pmatrix}$，$\begin{pmatrix} 1 & 2 \\ 2 & 1 \end{pmatrix}$ である．

それらの符号はそれぞれ

$$\mathrm{sgn}\begin{pmatrix} 1 & 2 \\ 1 & 2 \end{pmatrix}=1, \quad \mathrm{sgn}\begin{pmatrix} 1 & 2 \\ 2 & 1 \end{pmatrix}=-1$$

である．よって，

$$\begin{aligned} \begin{vmatrix} a_{11} & a_{12} \\ a_{21} & a_{22} \end{vmatrix} &= \mathrm{sgn}\begin{pmatrix} 1 & 2 \\ 1 & 2 \end{pmatrix}a_{11}a_{22}+\mathrm{sgn}\begin{pmatrix} 1 & 2 \\ 2 & 1 \end{pmatrix}a_{12}a_{21} \\ &= a_{11}a_{22}-a_{12}a_{21}. \end{aligned}$$

$n=3$ のときの置換は次の 6 個である．

$$\begin{pmatrix}1 & 2 & 3\\1 & 2 & 3\end{pmatrix}\quad\begin{pmatrix}1 & 2 & 3\\2 & 3 & 1\end{pmatrix}\quad\begin{pmatrix}1 & 2 & 3\\3 & 1 & 2\end{pmatrix}$$

$$\begin{pmatrix}1 & 2 & 3\\3 & 2 & 1\end{pmatrix}\quad\begin{pmatrix}1 & 2 & 3\\1 & 3 & 2\end{pmatrix}\quad\begin{pmatrix}1 & 2 & 3\\2 & 1 & 3\end{pmatrix}$$

$$\begin{aligned}\begin{vmatrix}a_{11} & a_{12} & a_{13}\\a_{21} & a_{22} & a_{23}\\a_{31} & a_{32} & a_{33}\end{vmatrix} &= \mathrm{sgn}\begin{pmatrix}1 & 2 & 3\\1 & 2 & 3\end{pmatrix}a_{11}a_{22}a_{33}+\mathrm{sgn}\begin{pmatrix}1 & 2 & 3\\2 & 3 & 1\end{pmatrix}a_{12}a_{23}a_{31}\\
&\quad+\mathrm{sgn}\begin{pmatrix}1 & 2 & 3\\3 & 1 & 2\end{pmatrix}a_{13}a_{21}a_{32}+\mathrm{sgn}\begin{pmatrix}1 & 2 & 3\\3 & 2 & 1\end{pmatrix}a_{13}a_{22}a_{31}\\
&\quad+\mathrm{sgn}\begin{pmatrix}1 & 2 & 3\\1 & 3 & 2\end{pmatrix}a_{11}a_{23}a_{32}+\mathrm{sgn}\begin{pmatrix}1 & 2 & 3\\2 & 1 & 3\end{pmatrix}a_{12}a_{21}a_{33}.\\
&= a_{11}a_{22}a_{33}+a_{12}a_{23}a_{31}+a_{13}a_{21}a_{32}-a_{13}a_{22}a_{31}-a_{11}a_{23}a_{32}-a_{12}a_{21}a_{33}.\end{aligned}$$

以上により，定義式(4.1)が $n=2,\ 3$ の場合を含んでいることがわかる．

4次の行列式を定義にしたがって求めようとすると $4!\ (=24)$ 個の和を求めることになり，大変な作業になる．

行と列の大きい行列式の値を求めるときは，次節から述べる行列式の性質を上手に使うことになる．

**例題 4.4**　$A=\begin{bmatrix}a_{11} & a_{12} & \cdots & a_{1n}\\0 & a_{22} & \cdots & a_{2n}\\\cdots & \cdots & \cdots & \cdots\\0 & 0 & \cdots & a_{nn}\end{bmatrix}$ を上三角行列とする．このとき，

$|A|=a_{11}a_{22}\cdots a_{nn}$ であることを，行列式の定義4.1に従って示せ．

**解**　$A$ の各行から，1つずつ列の重複のないように $n$ 個の成分をとり，積を作るとき，積が0にならないのは $a_{11}a_{22}\cdots a_{nn}$ のみである．この積の前にくるのは恒等置換の符号であるから，求める結果が得られる．

**注**　例題4.4は今後公式として扱う．　なお，下三角行列の場合も全く同様である．また，例題4. 4から，$n$ 次単位行列 $E_n$ はに対して，$|E_n|=1$ がた

だちに得られる．これも公式として扱う．

**問 4.4**　定義に従って，次の行列式の値を求めよ．

(1) $|-3|$　　(2) $\begin{vmatrix} a & 0 & 0 \\ b & c & 0 \\ d & e & f \end{vmatrix}$

## 4.4　行列式の性質

ここでは，証明はあとまわしにして，行列の性質とその例を述べることにする．

**●性質 1　ある行を $c$ 倍すると，行列式の値も $c$ 倍になる．**

例えば $\begin{vmatrix} 3\times1 & 3\times2 & 3\times3 \\ 3 & 1 & 2 \\ 2 & 3 & 1 \end{vmatrix} = 3\begin{vmatrix} 1 & 2 & 3 \\ 3 & 1 & 2 \\ 2 & 3 & 1 \end{vmatrix}$.

このように，性質 1 は，ある 1 つの行に共通な数字があれば，それをくくりだしてよいことを保証している．

**●性質 2　ある行が 2 つのベクトルの和になっている行列式は，それぞれのベクトルをその行とする 2 つの行列式の和になる．**

例えば $\begin{vmatrix} a_{11} & a_{12} & a_{13} \\ a_{21}+b_{21} & a_{22}+b_{22} & a_{23}+b_{23} \\ a_{31} & a_{32} & a_{33} \end{vmatrix}$

$$= \begin{vmatrix} a_{11} & a_{12} & a_{13} \\ a_{21} & a_{22} & a_{23} \\ a_{31} & a_{32} & a_{33} \end{vmatrix} + \begin{vmatrix} a_{11} & a_{12} & a_{13} \\ b_{21} & b_{22} & b_{23} \\ a_{31} & a_{32} & a_{33} \end{vmatrix}$$

**●性質 3　2 つの行を入れ替えると，行列式の値は符号だけ変わる．**

例えば $\begin{vmatrix} 1 & 2 & 3 \\ 3 & 1 & 2 \\ 2 & 3 & 1 \end{vmatrix} = -\begin{vmatrix} 3 & 1 & 2 \\ 1 & 2 & 3 \\ 2 & 3 & 1 \end{vmatrix}$ (1 行と 2 行の入れ替え)

**●性質 4　2 つの行が一致すると，行列式の値は 0 である．**

例えば $\begin{vmatrix} 1 & 2 & 3 \\ 3 & 1 & 2 \\ 1 & 2 & 3 \end{vmatrix} = 0$ (1行と3行が一致)

**●性質5　ある行の c 倍を他の行に加えても，行列式の値は変わらない．**

例えば $\begin{vmatrix} a_{11} & a_{12} & a_{13} \\ a_{21} & a_{22} & a_{23} \\ a_{31} & a_{32} & a_{33} \end{vmatrix} = \begin{vmatrix} a_{11} & a_{12} & a_{13} \\ a_{21}+ca_{11} & a_{22}+ca_{12} & a_{23}+ca_{13} \\ a_{31} & a_{32} & a_{33} \end{vmatrix}$

**●性質6**　$|A|=|{}^tA|$. **ここに，**${}^tA$ **は** $A$ **の転置行列．**

**注**　性質6は「**行で成り立つ性質はすべて列に関して成り立つ**」という重要な性質である．

**●性質7**　$|AB|=|A||B|$.

ここで，性質の使い方になれるための例題と問題を与えよう．性質の証明は次節(§5)で与える．

**例題 4.5**　行列式の性質を利用して，次の行列式の値を求めよ．

(1) $\begin{vmatrix} 1 & 2 & 1 \\ 2 & -1 & 1 \\ 3 & 1 & 2 \end{vmatrix}$　　(2) $\begin{vmatrix} 111 & 222 & 333 \\ 444 & 555 & 666 \\ 777 & 888 & 888 \end{vmatrix}$

**解**　与えられた行列式を $D$ とおく．

(1)

$$D \overset{(ア)}{=} \begin{vmatrix} 1 & 2 & 1 \\ 0 & -5 & -1 \\ 0 & -5 & -1 \end{vmatrix} \overset{(イ)}{=} 0$$

(ア) 2行 + 1行×(−2), 3行 + 1行×(−3)

(イ) 2行と3行が同じ．

(2)

(ア)

$$D = 111\times 111\times 111\begin{vmatrix} 1 & 2 & 3 \\ 4 & 5 & 6 \\ 7 & 8 & 8 \end{vmatrix}$$

(イ)　　　　　　　　　　(ウ)

$$= 111^3\begin{vmatrix} 1 & 2 & 3 \\ 0 & -3 & -6 \\ 0 & -6 & -13 \end{vmatrix} = 111^3\begin{vmatrix} 1 & 2 & 3 \\ 0 & -3 & -6 \\ 0 & 0 & -1 \end{vmatrix}$$

(エ)

$$= 111^3\times 1\times(-3)\times(-1) = 4102893.$$

(ア) 各行から 111 をくくり出す

(イ) 2 行 +1 行×(−4), 3 行 +1 行×(−7)

(ウ) 3 行 +2 行×(−2)

(エ) 上三角行列

**問 4.5**　行列式の性質を利用して，次の行列式の値を求めよ．

(1) $\begin{vmatrix} 1 & 2 & 3 \\ 3 & 2 & 1 \\ 2 & 1 & 3 \end{vmatrix}$　　(2) $\begin{vmatrix} 100 & 101 & 102 \\ 101 & 102 & 103 \\ 102 & 103 & 104 \end{vmatrix}$

**問 4.6**　行列式の性質を利用して，次の行列式を計算せよ．ただし，$\omega$ は 1 の虚数立方根 ($\omega^3 = 1$, $\omega \neq 1$) とする．

(1) $\begin{vmatrix} a & b & c \\ c & a & b \\ b & c & a \end{vmatrix}$　　(2) $\begin{vmatrix} 1 & \omega & \omega^2 \\ \omega & \omega^2 & 1 \\ \omega^2 & 1 & \omega \end{vmatrix}$

## 演習問題 4

1. $n$ 次正方行列 $A$ が，$A^3=-E$ を満たしている．このとき，$A$ の行列式 $|A|$ の値を求めよ．ただし，$A$ の成分はすべて実数とする．

2. 行列式の性質を利用して，$x$ を未知数とする次の方程式を解け．

$$\begin{vmatrix} x-a-b & 2x & 2x \\ 2a & a-b-x & 2a \\ 2b & 2b & b-a-x \end{vmatrix}=0$$

3. 次の各問に答えよ．

(1) $A=\begin{bmatrix} 0 & a & b \\ b & 0 & a \\ a & b & 0 \end{bmatrix}$，$B=\begin{bmatrix} x & y & z \\ z & x & y \\ y & z & x \end{bmatrix}$ のとき，行列式 $|A|$, $|B|$ を求めよ．

(2) (1)の結果を用いて次の行列式を計算せよ．

$$|C|=\begin{vmatrix} by+az & bz+ax & bx+ay \\ bx+ay & by+az & bz+ax \\ bz+ax & bx+ay & by+az \end{vmatrix}$$

答は巻末(演習問題解答)を参照

## 問の解答

**問 4.1**　(1) 26　(2) $-116$　(3) 70　(4) $a^3+b^3+c^3-3abc$

**問 4.2**　(1) 1　(2) 1　(3) $-1$

**問 4.3**　(1) $\begin{pmatrix} 1 & 2 & 3 \\ 3 & 2 & 1 \end{pmatrix}$ 符号 $-1$　(2) $\begin{pmatrix} 1 & 2 & 3 \\ 2 & 1 & 3 \end{pmatrix}$ 符号 $-1$

**問 4.4**　(1) $\operatorname{sgn}\begin{pmatrix} 1 \\ 1 \end{pmatrix}(-3)=-3$　(2) $acf$

**問 4.5**　与えられた行列式を $D$ とおく．

(1) 1列に2列と3列を加えて1列から6をくくり出す．　$D=-12$.

(2) 2行 $+$ 1行 $\times(-1)$, 3行 $+$ 1行 $\times(-1)$ を行ったあと，3行から2をくくり出すと，　2行と3行が一致する．　　　　　$D=0$.

**問4.6**　与えられた行列式を $D$ とおく．

(1) 1列に2列と3列を加えて，1列から $(a+b+c)$ をくくり出す．次に2行，3行から第1行を引く．

$$D=(a+b+c)\begin{vmatrix}1 & b & c\\ 1 & a & b\\ 1 & c & a\end{vmatrix}$$

$$=(a+b+c)\begin{vmatrix}1 & b & c\\ 0 & a-b & b-c\\ 0 & c-b & a-c\end{vmatrix}$$

$$=(a+b+c)(a^2+b^2+c^2-ab-bc-ca)$$

(2) 1行に $\omega$ を掛ける．そのかわり $D$ を $\omega$ で割る．次に $\omega^3=1$ を利用すると第1行と2行が一致する．

$$D=\frac{1}{\omega}\begin{vmatrix}\omega & \omega^2 & \omega^3\\ \omega & \omega^2 & 1\\ \omega^2 & 1 & \omega\end{vmatrix}=\frac{1}{\omega}\begin{vmatrix}\omega & \omega^2 & 1\\ \omega & \omega^2 & 1\\ \omega^2 & 1 & \omega\end{vmatrix}=0.$$

# §5 行列式の性質，余因子展開

## 5.1 行列式の性質の証明

前節では行列式の性質を学んだ．ここでは，それらの証明についての話をしよう．前節の 4.4 で学んだ性質は次の 7 つである．

- **性質 1. ある行を $c$ 倍すると，行列式の値も $c$ 倍になる．**
- **性質 2. ある行が 2 つのベクトルの和になっている行列式は，それぞれのベクトルをその行とする 2 つの行列式の和になる．**
- **性質 3. 2 つの行を入れ替えると，行列式の値は符号だけ変わる．**
- **性質 4. 2 つの行が一致すると，行列式の値は 0 である．**
- **性質 5. ある行の $c$ 倍を他の行に加えても，行列式の値は変わらない．**
- **性質 6. $|A|=|{}^tA|$．　ここに，${}^tA$ は $A$ の転置行列．**
- **性質 7. $|AB|=|A||B|$．**

では，早速証明に入ろう．

［**性質 1 の証明**］　$A$ を $n$ 次正方行列 $A=[a_{ij}]$ とする．行列式の定義 4.1 を使って証明する．なお，$\Sigma$ の下の添字は省略する．

第 $k$ 行が $c$ 倍されているとする．このとき，定義 4.1 から，

$$\sum \mathrm{sgn}\begin{pmatrix} 1 & 2 & \cdots & k & \cdots & n \\ i_1 & i_2 & \cdots & i_k & \cdots & i_n \end{pmatrix} a_{1i_1}a_{2i_2}\cdots ca_{ki_k}\cdots a_{ni_n}$$

$$= c\sum \mathrm{sgn}\begin{pmatrix} 1 & 2 & \cdots & k & \cdots & n \\ i_1 & i_2 & \cdots & i_k & \cdots & i_n \end{pmatrix} a_{1i_1}a_{2i_2}\cdots a_{ki_k}\cdots a_{ni_n}$$

$$= c|A|$$

が得られる．よって，性質1が成立する．

**［性質2の証明］**　第 $k$ 行が2つのベクトルの和になっているとする．このとき，

$$\sum \mathrm{sgn}\begin{pmatrix}1 & 2 & \cdots & k & \cdots & n \\ i_1 & i_2 & \cdots & i_k & \cdots & i_n\end{pmatrix} a_{1i_1}a_{2i_2}\cdots(a_{ki_k}+b_{ki_k})\cdots a_{ni_n}$$
$$=\sum \mathrm{sgn}\begin{pmatrix}1 & 2 & \cdots & k & \cdots & n \\ i_1 & i_2 & \cdots & i_k & \cdots & i_n\end{pmatrix} a_{1i_1}a_{2i_2}\cdots a_{ki_k}\cdots a_{ni_n}$$
$$+\sum \mathrm{sgn}\begin{pmatrix}1 & 2 & \cdots & k & \cdots & n \\ i_1 & i_2 & \cdots & i_k & \cdots & i_n\end{pmatrix} a_{1i_1}a_{2i_2}\cdots b_{ki_k}\cdots a_{ni_n}$$

となる．よって，性質2が成り立つことがわかる．

**［性質3の証明］**　話を分かり易くするために，3次の行列式で1行と3行を入れ替えた場合について示そう．

$$|A|=\begin{vmatrix}a_{11} & a_{12} & a_{13} \\ a_{21} & a_{22} & a_{23} \\ a_{31} & a_{32} & a_{33}\end{vmatrix}$$
$$=\sum \mathrm{sgn}\begin{pmatrix}1 & 2 & 3 \\ i_1 & i_2 & i_3\end{pmatrix} a_{1i_1}a_{2i_2}a_{3i_3} \qquad ①$$

一方，

$$|A'|=\begin{vmatrix}a_{31} & a_{32} & a_{33} \\ a_{21} & a_{22} & a_{23} \\ a_{11} & a_{12} & a_{13}\end{vmatrix}$$
$$=\sum \mathrm{sgn}\begin{pmatrix}1 & 2 & 3 \\ i_1 & i_2 & i_3\end{pmatrix} a_{3i_1}a_{2i_2}a_{1i_3} \qquad ②$$
$$=\sum \mathrm{sgn}\begin{pmatrix}1 & 2 & 3 \\ i_1 & i_2 & i_3\end{pmatrix} a_{1i_3}a_{2i_2}a_{3i_1}$$

①，②とも6個の置換のすべてにわたっての総和である．また

$$\mathrm{sgn}\begin{pmatrix}1 & 2 & 3 \\ i_3 & i_2 & i_1\end{pmatrix}=-\mathrm{sgn}\begin{pmatrix}1 & 2 & 3 \\ i_1 & i_2 & i_3\end{pmatrix}$$

である．これらのことに注意すると

$$
\begin{aligned}
|A'| &= \sum \mathrm{sgn}\begin{pmatrix} 1 & 2 & 3 \\ i_1 & i_2 & i_3 \end{pmatrix} a_{1i_3}a_{2i_2}a_{3i_1} \\
&= -\sum \mathrm{sgn}\begin{pmatrix} 1 & 2 & 3 \\ i_3 & i_2 & i_1 \end{pmatrix} a_{1i_3}a_{2i_2}a_{3i_1} = -|A|.
\end{aligned}
$$

一般の場合も，同様な議論を展開することにより，求める性質が得られる．

**[性質 4 の証明]**　$n$ 次行列式 $|A|$ の第 $i$ 行と第 $j$ 行が全く同じであるとする．この第 $i$ 行と第 $j$ 行を入れ替えたものは，性質 3 より，$-|A|$ である．これは，第 $i$ 行と第 $j$ 行が同じであるから $|A|$ に等しい．よって，$|A|=-|A|$．したがって，$|A|=0$．

**[性質 5 の証明]**　$n$ 次正方行列 $A=[a_{ij}]$ にたいして，$\boldsymbol{a}_i=(a_{i1}\ \ a_{i2}\ \ \cdots\ \ a_{in})$ とおくと，$A=\begin{bmatrix} \boldsymbol{a}_1 \\ \boldsymbol{a}_2 \\ \vdots \\ \boldsymbol{a}_n \end{bmatrix}$ と行ベクトル表示できるから，$|A|=\begin{vmatrix} \boldsymbol{a}_1 \\ \boldsymbol{a}_2 \\ \vdots \\ \boldsymbol{a}_n \end{vmatrix}$ と書くことができる．

ここで，ある第 $k$ 行を $c$ 倍したものを，別の $l$ 行に加えたものが，元の行列式の値に一致することを示す．

$$
\begin{vmatrix} \boldsymbol{a}_1 \\ \vdots \\ \boldsymbol{a}_k \\ \vdots \\ \boldsymbol{a}_l+c\boldsymbol{a}_k \\ \vdots \\ \boldsymbol{a}_n \end{vmatrix}
=\begin{vmatrix} \boldsymbol{a}_1 \\ \vdots \\ \boldsymbol{a}_k \\ \vdots \\ \boldsymbol{a}_l \\ \vdots \\ \boldsymbol{a}_n \end{vmatrix}
+c\begin{vmatrix} \boldsymbol{a}_1 \\ \vdots \\ \boldsymbol{a}_k \\ \vdots \\ \boldsymbol{a}_k \\ \vdots \\ \boldsymbol{a}_n \end{vmatrix}
=\begin{vmatrix} \boldsymbol{a}_1 \\ \vdots \\ \boldsymbol{a}_k \\ \vdots \\ \boldsymbol{a}_l \\ \vdots \\ \boldsymbol{a}_n \end{vmatrix}
+c\times 0=\begin{vmatrix} \boldsymbol{a}_1 \\ \vdots \\ \boldsymbol{a}_k \\ \vdots \\ \boldsymbol{a}_l \\ \vdots \\ \boldsymbol{a}_n \end{vmatrix}=|A|.
$$

上記では性質 2，性質 1，性質 4 の性質をこの順序で適用した．

**[性質 6 の証明]**　3 次の行列式の場合で示す（一般の $n$ 次の行列式についても同様である）．

$|A|=\begin{vmatrix} a_{11} & a_{12} & a_{13} \\ a_{21} & a_{22} & a_{23} \\ a_{31} & a_{32} & a_{33} \end{vmatrix}$ のとき，$|{}^tA|=\begin{vmatrix} a_{11} & a_{21} & a_{31} \\ a_{12} & a_{22} & a_{32} \\ a_{13} & a_{23} & a_{33} \end{vmatrix}$ である．行列式の定義 4.1 から，

$$|{}^tA|=\sum \mathrm{sgn}\begin{pmatrix} 1 & 2 & 3 \\ i_1 & i_2 & i_3 \end{pmatrix} a_{i_1 1}a_{i_2 2}a_{i_3 3} \qquad ①$$

である．ところで，置換 $\begin{pmatrix} 1 & 2 & 3 \\ i_1 & i_2 & i_3 \end{pmatrix}$ の逆置換は $\begin{pmatrix} i_1 & i_2 & i_3 \\ 1 & 2 & 3 \end{pmatrix}$ である．このとき，逆置換の符号は元の置換の符号と一致するから

$$\mathrm{sgn}\begin{pmatrix} 1 & 2 & 3 \\ i_1 & i_2 & i_3 \end{pmatrix}=\mathrm{sgn}\begin{pmatrix} i_1 & i_2 & i_3 \\ 1 & 2 & 3 \end{pmatrix} \qquad ②$$

②を①に代入すると

$$|{}^tA|=\sum \mathrm{sgn}\begin{pmatrix} i_1 & i_2 & i_3 \\ 1 & 2 & 3 \end{pmatrix} a_{i_1 1}a_{i_2 2}a_{i_3 3}.$$

$\Sigma$ は 6 個の置換すべてにわたっての和であるから，$|A|$ のときと加える順序が異なるだけなので，$|A|$ と同じ結果になる．

［**性質 7 の証明**］ 2 次の行列式の場合で示す．一般の場合の証明も，そのアイディアは同じである． $A=[a_{ij}]$，$B=[b_{ij}]$ とおく．このとき，

$$\begin{aligned}
|AB|&=\begin{vmatrix} a_{11}b_{11}+a_{12}b_{21} & a_{11}b_{12}+a_{12}b_{22} \\ a_{21}b_{11}+a_{22}b_{21} & a_{21}b_{12}+a_{22}b_{22} \end{vmatrix} \\
&=\begin{vmatrix} a_{11}b_{11} & a_{11}b_{12} \\ a_{21}b_{11}+a_{22}b_{21} & a_{21}b_{12}+a_{22}b_{22} \end{vmatrix}+\begin{vmatrix} a_{12}b_{21} & a_{12}b_{22} \\ a_{21}b_{11}+a_{22}b_{21} & a_{21}b_{12}+a_{22}b_{22} \end{vmatrix} \\
&=\begin{vmatrix} a_{11}b_{11} & a_{11}b_{12} \\ a_{21}b_{11} & a_{21}b_{12} \end{vmatrix}+\begin{vmatrix} a_{11}b_{11} & a_{11}b_{12} \\ a_{22}b_{21} & a_{22}b_{22} \end{vmatrix}+\begin{vmatrix} a_{12}b_{21} & a_{12}b_{22} \\ a_{21}b_{11} & a_{21}b_{12} \end{vmatrix}+\begin{vmatrix} a_{12}b_{21} & a_{12}b_{22} \\ a_{22}b_{21} & a_{22}b_{22} \end{vmatrix} \\
&=a_{11}a_{21}\begin{vmatrix} b_{11} & b_{12} \\ b_{11} & b_{12} \end{vmatrix}+a_{11}a_{22}\begin{vmatrix} b_{11} & b_{12} \\ b_{21} & b_{22} \end{vmatrix}+a_{12}a_{21}\begin{vmatrix} b_{21} & b_{22} \\ b_{11} & b_{12} \end{vmatrix}+a_{12}a_{22}\begin{vmatrix} b_{21} & b_{22} \\ b_{21} & b_{22} \end{vmatrix}
\end{aligned}$$

ここで，第 1 項目の行列式と 4 項目の行列式は 2 つの行が一致するので 0 となる．そこで，第三項目の 1 行目と 2 行目入れ替えて共通な行列式をくくり出すと

$$=(a_{11}a_{22}-a_{12}a_{21})\begin{vmatrix} b_{11} & b_{12} \\ b_{21} & b_{22} \end{vmatrix}$$

$$=\left(\sum \operatorname{sgn}\begin{pmatrix} 1 & 2 \\ i_1 & i_2 \end{pmatrix} a_{1i_1}a_{2i_2}\right)|B|=|A||B|.$$

以上で，7つの性質の証明が済んだのであるが，話を先に進める前に，もう一度行列式の性質の使い方になれるための練習をしよう．

**例題 5.1**　次の行列式を因数分解せよ．

(1) $\begin{vmatrix} 1 & 1 & 1 \\ a & a^2 & a^3 \\ b & b^2 & b^3 \end{vmatrix}$　　(2) $\begin{vmatrix} 1 & a & bc \\ 1 & b & ca \\ 1 & c & ba \end{vmatrix}$

**解**　与えられた行列式を $D$ とおく．

(1) (ア)　　　　(イ)

$$D=ab\begin{vmatrix} 1 & 1 & 1 \\ 1 & a & a^2 \\ 1 & b & b^2 \end{vmatrix}=ab\begin{vmatrix} 1 & 1 & 1 \\ 0 & a-1 & a^2-1 \\ 0 & b-1 & b^2-1 \end{vmatrix}$$

(ウ)

$$=ab(a-1)(b-1)\begin{vmatrix} 1 & 1 & 1 \\ 0 & 1 & a+1 \\ 0 & 1 & b+1 \end{vmatrix}$$

(エ)

$$=ab(a-1)(b-1)\begin{vmatrix} 1 & 1 & 1 \\ 0 & 1 & a+1 \\ 0 & 0 & b-a \end{vmatrix}$$

(オ)

$$=ab(a-1)(b-1)(b-a).$$

(ア) 2行，3行からそれぞれ $a$, $b$ をくくり出す

(イ) 2行 ＋1行×(−1)，3行 ＋1行×(−1)

(ウ) 2行，3行からそれぞれ $a-1$, $b-1$ をくくり出す

（エ）3 行 ＋2 行×(−1)

（オ）上三角行列の行列式

(2)　（ア）　$D=\begin{vmatrix} 0 & a-b & c(b-a) \\ 0 & b-c & a(c-b) \\ 1 & c & ab \end{vmatrix}$

（イ）　$=(a-b)(b-c)\begin{vmatrix} 0 & 1 & -c \\ 0 & 1 & -a \\ 1 & c & ab \end{vmatrix}$

（ウ）　　（エ）

$$(a-b)(b-c)\begin{vmatrix} 0 & 0 & a-c \\ 0 & 1 & -a \\ 1 & c & ab \end{vmatrix}=(a-b)(b-c)(c-a).$$

（ア）1 行 ＋2 行×(−1)，2 行 ＋3 行×(−1)

（イ）1 行，2 行からそれぞれ $a-b$, $b-c$ をくくり出す

（ウ）1 行 ＋2 行×(−1)

（エ）サラスの方法で展開

**問 5.1**　次の行列式の値を求めよ

(1) $\begin{vmatrix} 1 & a & a^2 \\ 1 & b & b^2 \\ 1 & c & c^2 \end{vmatrix}$　　(2) $\begin{vmatrix} 1 & 1 & 1 \\ a & b & c \\ b+c & c+a & a+b \end{vmatrix}$

## 5.2　余因子展開

最初に，3 次の行列式 $|A|$ を，2 次の行列式を用いて表すことを考えてみよう．

$$|A|=\begin{vmatrix} a_{11} & a_{12} & a_{13} \\ a_{21} & a_{22} & a_{23} \\ a_{31} & a_{32} & a_{33} \end{vmatrix}$$

をサラスの方法で展開すると

$$|A| = a_{11}a_{22}a_{33} + a_{13}a_{21}a_{32} + a_{12}a_{23}a_{31} - a_{13}a_{22}a_{31} - a_{11}a_{23}a_{32} - a_{12}a_{21}a_{33}$$

となる．これは

$$|A| = a_{11}(a_{22}a_{33} - a_{23}a_{32}) - a_{12}(a_{21}a_{33} - a_{23}a_{31}) + a_{13}(a_{21}a_{32} - a_{22}a_{31})$$

と変形できる．この式の（　）のところは 2 次の行列式を用いて次のように書くことができる．

$$|A| = a_{11}\begin{vmatrix} a_{22} & a_{23} \\ a_{32} & a_{33} \end{vmatrix} - a_{12}\begin{vmatrix} a_{21} & a_{23} \\ a_{31} & a_{33} \end{vmatrix} + a_{13}\begin{vmatrix} a_{21} & a_{22} \\ a_{31} & a_{32} \end{vmatrix} \quad ③$$

一般の $n$ 次の行列式でも同様なことが成り立つ．次にその話に移ろう．

$n$ 次正方行列 $A = [a_{ij}]$ の行列式 $|A|$ から第 $i$ 行，第 $j$ 列を取り除いてできる $n-1$ 次の行列式を $D_{ij}$ で表す：すなわち

$$D_{ij} = \begin{vmatrix} a_{11} & \cdots & a_{1,j-1} & a_{1,j+1} & \cdots & a_{1n} \\ \cdots & \cdots & \cdots & \cdots & \cdots & \cdots \\ a_{i-1,1} & \cdots & a_{i-1,j-1} & a_{i-1,j+1} & \cdots & a_{i-1,n} \\ a_{i+1,1} & \cdots & a_{i+1,j-1} & a_{i+1,j+1} & \cdots & a_{i+1,n} \\ \cdots & \cdots & \cdots & \cdots & \cdots & \cdots \\ a_{n1} & \cdots & a_{n,j-1} & a_{n,j+1} & \cdots & a_{nn} \end{vmatrix} \to \text{第 } i \text{ 行を除く}$$

↓
第 $j$ 列を除く

このとき，

$$A_{ij} = (-1)^{i+j} D_{ij}$$

を $A$ の成分 $a_{ij}$ **に関する余因子**あるいは単に $(i, j)$ **余因子**という．

例えば，$|A| = \begin{vmatrix} 1 & 2 & 3 \\ 4 & 5 & 6 \\ 7 & 8 & 9 \end{vmatrix}$ のとき，

$$A_{11} = (-1)^{1+1}\begin{vmatrix} 5 & 6 \\ 8 & 9 \end{vmatrix} = 6,$$

$$A_{23} = (-1)^{2+3}\begin{vmatrix} 1 & 2 \\ 7 & 8 \end{vmatrix} = -(-6)$$

である．

上記の③を余因子を用いて表すと

$$|A| = a_{11}A_{11} + a_{12}A_{12} + a_{13}A_{13}$$

となる．

一般には，次の定理が成り立つ（結果は重要なのでしっかり身につけておこう）．

**定理 5.1**　$n$ 次正方行列 $A=[a_{ij}]$ の行列式について，次の展開式が成り立つ．

$$|A| = a_{i1}A_{i1} + a_{i2}A_{i2} + \cdots + a_{in}A_{in} \quad (i=1,\cdots,n) \qquad (*)$$

$$|A| = a_{1j}A_{1j} + a_{2j}A_{2j} + \cdots + a_{nj}A_{nj} \quad (j=1,\cdots,n) \qquad (**)$$

$(*)$，$(**)$ をそれぞれ $|A|$ の**第 $i$ 行に関する余因子展開**，**第 $j$ 列に関する余因子展開**という．

**証明**　$(**)$ について示す（$(*)$ の場合も同様である）．最初に $j=1$ の場合を考える．

$A=[\boldsymbol{a}_1\boldsymbol{a}_2\cdots\boldsymbol{a}_n]$ を列ベクトル表示，$\boldsymbol{e}_i$ $(1 \leqq i \leqq n)$ を $n$ 次元基本ベクトルとする．このとき

$$\boldsymbol{a}_1 = a_{11}\boldsymbol{e}_1 + a_{21}\boldsymbol{e}_2 + \cdots + a_{n1}\boldsymbol{e}_n$$

したがって，

$$\begin{aligned}
|A| &= |(a_{11}\boldsymbol{e}_1 + a_{21}\boldsymbol{e}_2 + \cdots + a_{n1}\boldsymbol{e}_n)\boldsymbol{a}_2\cdots\boldsymbol{a}_n| \\
&= \sum_{i=1}^{n} a_{i1}|\boldsymbol{e}_i \ \ \boldsymbol{a}_2 \ \ \cdots \ \ \boldsymbol{a}_n| \quad (\text{性質 } 1,\ 2 \text{ を適用}) \\
&= \sum_{i=1}^{n} a_{i1}(-1)^{i-1}\begin{vmatrix} 1 & a_{i2} & \cdots & a_{in} \\ 0 & a_{12} & \cdots & a_{1n} \\ \cdots & \cdots & \cdots & \cdots \\ 0 & a_{n2} & \cdots & a_{nn} \end{vmatrix} \quad (\text{行の入れ替えを実施}) \\
&= \sum_{i=1}^{n} a_{i1}(-1)^{i-1}\begin{vmatrix} a_{12} & \cdots & a_{1n} \\ \cdots & \cdots & \cdots \\ a_{n2} & \cdots & a_{nn} \end{vmatrix} \quad (\text{行列式の定義から})
\end{aligned}$$

$$= \sum_{i=1}^{n} a_{i1}(-1)^{i+1} D_{i1} = \sum_{i=1}^{n} a_{i1} A_{i1}.$$

一般の $j$ $(2 \leqq j \leqq n)$ については，第 $j$ 列を順次 1 つ左の列と入れ替える操作を $j-1$ 回行い，第 1 列に関して余因子展開すればよい．これで，証明は完了した．

**例題 5.2**　行列式 $\begin{vmatrix} 2 & 3 & 4 \\ 0 & 1 & 2 \\ 2 & 2 & 0 \end{vmatrix}$ の値を次の方法で求めよ．

(1)　第 2 行に関する余因子展開

(2)　第 3 列に関する余因子展開

**解**　与えられた行列式を $D$ とおく．

(1)　定理 5.1 の(＊)から，

$D = a_{21}A_{21} + a_{22}A_{22} + a_{23}A_{23}$．ところで，$a_{21} = 0$，

$a_{22} = 1$，$a_{23} = 2$ であり，$A_{21} = (-1)^{2+1}\begin{vmatrix} 3 & 4 \\ 2 & 0 \end{vmatrix} = 8$，

$A_{22} = (-1)^{2+2}\begin{vmatrix} 2 & 4 \\ 2 & 0 \end{vmatrix} = -8$，$A_{23} = (-1)^{2+3}\begin{vmatrix} 2 & 3 \\ 2 & 2 \end{vmatrix} = 2$ であるから，

$D = 0 \times 8 + 1 \times (-8) + 2 \times 2 = -4$．

(2) 定理 5.1 の(＊＊)から，

$D = a_{13}A_{13} + a_{23}A_{23} + a_{33}A_{33}$．ところで，$a_{13} = 4$，$a_{23} = 2$，$a_{33} = 0$ であり，$A_{13} = (-1)^{1+3}\begin{vmatrix} 0 & 1 \\ 2 & 2 \end{vmatrix} = -2$，　$A_{23} = (-1)^{2+3}\begin{vmatrix} 2 & 3 \\ 2 & 2 \end{vmatrix} = 2$，

$A_{33} = (-1)^{3+3}\begin{vmatrix} 2 & 3 \\ 0 & 1 \end{vmatrix} = 2$ であるから，　$D = 4 \times (-2) + 2 \times 2 + 0 \times 2 = -4$

**注**　上記の例からわかるように，余因子展開を利用して行列式の値を求めるとき，0 があれば計算が楽になる．したがって，行列式の性質を使って 0 をできるだけ沢山作り，0 を含む行あるいは列で余因子展開するとよい．

**例題 5.3**　次の行列式の値を求めよ.

$$\begin{vmatrix} 1 & -1 & 2 & 3 \\ 2 & 2 & -4 & -6 \\ 3 & 6 & 9 & 3 \\ -6 & 5 & 3 & 9 \end{vmatrix}$$

**解**　与えられた行列式を $D$ とおく.

(ア)

$$D = 2\times 3\begin{vmatrix} 1 & -1 & 2 & 3 \\ 1 & 1 & -2 & -3 \\ 1 & 2 & 3 & 1 \\ -6 & 5 & 3 & 9 \end{vmatrix}$$

(イ)

$$= 6\begin{vmatrix} 1 & -1 & 2 & 3 \\ 2 & 0 & 0 & 0 \\ 1 & 2 & 3 & 1 \\ -6 & 5 & 3 & 9 \end{vmatrix}$$

(ウ)

$$= 6\times 2\times(-1)^{2+1}\begin{vmatrix} -1 & 2 & 3 \\ 2 & 3 & 1 \\ 5 & 3 & 9 \end{vmatrix}$$

(エ)

$$= -12\begin{vmatrix} -1 & 2 & 3 \\ 0 & 7 & 7 \\ 0 & 13 & 24 \end{vmatrix}$$

(オ)

$$= -12\times 7\begin{vmatrix} -1 & 2 & 3 \\ 0 & 1 & 1 \\ 0 & 13 & 24 \end{vmatrix}$$

(カ)

$$= -12\times 7\times(-1)\times(-1)^{1+1}\begin{vmatrix} 1 & 1 \\ 13 & 24 \end{vmatrix}$$

$$= 84\times 11 = 924.$$

(ア) 第 2 行と第 3 行からそれぞれ 2 と 3 をくくり出す

(イ) 第 2 行に第 1 行を加える

(ウ) 第 2 行に関する余因子展開をする

(エ) 第 2 行 $+1$ 行 $\times 2$, 3 行 $+1$ 行 $\times 5$

(オ) 第 2 行から 7 をくくり出す

(カ) 第 1 列に関する余因子展開をする

**問 5.2**　次の行列式の値を求めよ．

(1) $\begin{vmatrix} 1 & 1 & 1 & 1 \\ 1 & 2 & 2 & 2 \\ 1 & 2 & 3 & 3 \\ 1 & 2 & 3 & 4 \end{vmatrix}$　　(2) $\begin{vmatrix} 1 & -2 & 2 & 1 \\ -1 & 3 & -2 & 2 \\ 3 & -2 & 3 & -5 \\ 2 & -3 & 4 & 5 \end{vmatrix}$

(3) $\begin{vmatrix} a & -a & -a & -a \\ b & b & -b & -b \\ c & c & c & -c \\ d & d & d & d \end{vmatrix}$　　(4) $\begin{vmatrix} x & -1 & 0 & 0 \\ 0 & x & -1 & 0 \\ 0 & 0 & x & -1 \\ a_0 & a_1 & a_2 & x+a_3 \end{vmatrix}$

## 演習問題 5

1．次の各問に答えよ

(1) 行列式

$$D=\begin{vmatrix} 1 & 1 & 1 \\ x_1 & x_2 & x_3 \\ x_1^2 & x_2^2 & x_3^2 \end{vmatrix}$$

は $x_2=x_1$ とおくと，第 1 列と第 2 列は同じであるから $D=0$ となり，$D$ は $x_2-x_1$ を因数に持つ．このことを利用して，

$$D=k(x_2-x_1)(x_3-x_1)(x_3-x_2) \qquad ①$$

となることを示せ．ここに，$k$ は定数．

(2)　行列式 $D$ の対角成分の積は $x_2x_3^2$ である．このことから，$k$ の値を定めて，$D$ を因数分解せよ．

2．1 の方法を利用して次の等式を証明せよ．

$$\begin{vmatrix} 1 & 1 & \cdots & 1 \\ x_1 & x_2 & \cdots & x_n \\ x_1^2 & x_2^2 & \cdots & x_n^2 \\ \cdots & \cdots & \cdots & \cdots \\ x_1^{n-1} & x_2^{n-1} & \cdots & x_n^{n-1} \end{vmatrix} = \prod_{1\leqq i<j\leqq n}(x_j-x_i)$$

これは，**ヴァンデルモンド**(Vandermonde)**の行列式**と呼ばれており，公式と

して利用されている．

3. 次の等式を証明せよ．

$$\begin{vmatrix} \dfrac{1}{1-x_1y_1} & \dfrac{1}{1-x_1y_2} & \dfrac{1}{1-x_1y_3} \\ \dfrac{1}{1-x_2y_1} & \dfrac{1}{1-x_2y_2} & \dfrac{1}{1-x_2y_3} \\ \dfrac{1}{1-x_3y_1} & \dfrac{1}{1-x_3y_2} & \dfrac{1}{1-x_3y_3} \end{vmatrix}$$

$$=\prod_{i,j=1}^{3}\frac{1}{1-x_iy_j}\prod_{1\leqq i<j\leqq 3}(x_j-x_i)(y_j-y_i)$$

これは，一般の場合でも成り立ち，**コーシー**(Cauchy)**の行列式**と呼ばれている．

4. 次の等式を証明せよ．

$$\begin{vmatrix} x & a & a & \cdots & a & a \\ a & x & a & \cdots & a & a \\ \cdots & \cdots & \cdots & \cdots & \cdots & \cdots \\ a & a & a & \cdots & x & a \\ a & a & a & \cdots & a & x \end{vmatrix}=(x+(n-1)a)(x-a)^{n-1}$$

5. $A, B, C, D$ はそれぞれ $n$ 次正方，$n\times m$, $m\times n$, $n$ 次正方行列で，$O$ は零行列とする．このとき，次を示せ．

(1) $\begin{vmatrix} A & B \\ O & D \end{vmatrix}=\begin{vmatrix} A & O \\ C & D \end{vmatrix}=|A||D|$

(2) $A$ が正則のとき，$\begin{vmatrix} A & B \\ C & D \end{vmatrix}=|A||D-CA^{-1}B|$.

答は巻末(演習問題解答)を参照

## 問の解答

**問 5.1**　(1) 与えられた行列式を $D$ とおく．1 行から 2 行を引き，2 行から 3 行を引き，次に 1 行から $a-b$，2 行から $b-c$ をくくりだして，サラスの方法で展開すれば，$D=(a-b)(b-c)(c-a)$.
(2) 第 2 行を 3 行に加えて $(a+b+c)$ をくくり出すと 1 行と 3 行が同じになるので，値は 0.

**問 5.2**　与えられた行列式を $D$ とおく．
(1)　2 列，3 列，4 列から 1 列を引き第 1 行の $(1,1)$ 成分以外をすべて 0 にして，第 1 行に関する余因子展開を行う．$D=1$.

(2)　2 列 $+$ 1 列 $\times(2)$，3 列 $+$ 1 列 $\times(-2)$，4 列 $+$ 1 列 $\times(-1)$ を行い，第 1 行の $(1,1)$ 成分以外をすべて 0 にする．次に第 1 行に関する余因子展開を行う．$D=0$.

(3)　第 1 行を $(a\quad 0\quad 0\quad 0)$ として，第 1 行に関する余因子展開を行う．
$D=8abcd$.

(4) 第 1 列に，第 2 列 $\times x$，第 3 列 $\times x^2$，第 4 列 $\times x^3$ を加えてから，第 1 列で余因子展開を行うと

$$D=(-1)^{4+1}(x^4+a_3x^3+a_2x^2+a_1x+a_0)\begin{vmatrix} -1 & 0 & 0 \\ x & -1 & 0 \\ 0 & x & -1 \end{vmatrix}$$

よって，

$$D=x^4+a_3x^3+a_2x^2+a_1x+a_0.$$

# § 6 行列式の応用

## 6.1 余因子行列，逆行列

ここでは，前節の 5.2 で学んだ余因子を用いて逆行列を求めることを学ぶ.

**定義 6.1**

$n$ 次正方行列 $A=[a_{ij}]$ の $(i,\ j)$ 余因子 $A_{ij}$ を $(j,\ i)$ 成分とする行列を $A$ の**余因子行列**といい，$\boldsymbol{adjA}$ で表す.　すなわち

$$adjA=\begin{bmatrix} A_{11} & A_{21} & \cdots & A_{n1} \\ A_{12} & A_{22} & \cdots & A_{n2} \\ \cdots & \cdots & \cdots & \cdots \\ A_{1n} & A_{2n} & \cdots & A_{nn} \end{bmatrix}.$$

である.

**例題 6.1**　$A=\begin{bmatrix} 1 & 2 & 0 \\ 3 & 4 & 0 \\ 1 & 4 & 5 \end{bmatrix}$ の余因子行列 $adjA$ を求めよ.

**解**

$$A_{11}=(-1)^{1+1}\begin{vmatrix} 4 & 0 \\ 4 & 5 \end{vmatrix}=20,\quad A_{12=(-1)^{1+2}}\begin{vmatrix} 3 & 0 \\ 1 & 5 \end{vmatrix}=-15,$$

$$A_{13}=(-1)^{1+3}\begin{vmatrix} 3 & 4 \\ 1 & 4 \end{vmatrix}=8,\ A_{21}=(-1)^{2+1}\begin{vmatrix} 2 & 0 \\ 4 & 5 \end{vmatrix}=-10,$$

$$A_{22}=(-1)^{2+2}\begin{vmatrix} 1 & 0 \\ 1 & 5 \end{vmatrix}=5,\quad A_{23}=(-1)^{2+3}\begin{vmatrix} 1 & 2 \\ 1 & 4 \end{vmatrix}=-2,$$

$$A_{31}=(-1)^{3+1}\begin{vmatrix} 2 & 0 \\ 4 & 0 \end{vmatrix}=0,\quad A_{32}=(-1)^{3+2}\begin{vmatrix} 1 & 0 \\ 3 & 0 \end{vmatrix}=0,$$

$$A_{33}=(-1)^{3+3}\begin{vmatrix} 1 & 2 \\ 3 & 4 \end{vmatrix}=-2.$$

よって，

$$adjA=\begin{bmatrix} 20 & -10 & 0 \\ -15 & 5 & 0 \\ 8 & -2 & -2 \end{bmatrix}.$$

**問 6.1**　次の行列の余因子行列を求めよ．

(1) $\begin{bmatrix} 1 & 2 \\ 3 & 4 \end{bmatrix}$　　(2) $\begin{bmatrix} 1 & 0 & 2 \\ 0 & 1 & 0 \\ 3 & -1 & 1 \end{bmatrix}$

**定理 6.1**　$n$ 次正方行列 $A$ に対して，次が成り立つ．

(1) $A(adjA)=(adjA)A=|A|E_n$

(2) $A$ が正則ならば

$$A^{-1}=\frac{1}{|A|}adjA$$

**証明**　(1) 最初に $A(adjA)=|A|E_n$ を示す．

$$A(adjA)=\begin{bmatrix} a_{11} & a_{12} & \cdots & a_{1n} \\ \cdots & \cdots & \cdots & \cdots \\ a_{i1} & a_{i2} & \cdots & a_{in} \\ \cdots & \cdots & \cdots & \cdots \\ a_{n1} & a_{n2} & \cdots & a_{nn} \end{bmatrix}\begin{bmatrix} A_{11} & \cdots & A_{j1} & \cdots & A_{n1} \\ \cdots & \cdots & \cdots & \cdots & \cdots \\ A_{1i} & \cdots & A_{ji} & \cdots & A_{ni} \\ \cdots & \cdots & \cdots & \cdots & \cdots \\ A_{1n} & \cdots & A_{jn} & \cdots & A_{nn} \end{bmatrix}$$

であるから，$A(adjA)$ の $(i,\ j)$ 成分は，積を計算することより，

$$a_{i1}A_{j1}+a_{i2}A_{j2}+\cdots+a_{in}A_{jn} \qquad ①$$

であることがわかる．ここで，①の値を調べてみよう．

(ｉ) $i=j$ のとき．　この場合は

$$a_{i1}A_{i1}+a_{i2}A_{i2}+\cdots+a_{in}A_{in}$$

であるから，これは行列式 $|A|$ の第 $i$ 行に関する余因子展開そのものである．このことから，積の対角成分はすべて $|A|$ であることがわかる．

(ii) $i \neq j$ のとき．この場合は，行列 $A$ の第 $j$ 行を第 $i$ 行で置き換えた行列式の第 $j$ 行に関する余因子展開になっている．この行列式は 2 つの行が等しいので明らかに 0 である．よって，

$$A(adjA)=\begin{bmatrix}|A| & & & \\ & \ddots & & O \\ O & & \ddots & \\ & & & |A|\end{bmatrix}=|A|E_n.$$

$(adjA)A=|A|E_n$ についても同様に示すことができる．

(2) $A$ は逆行列を持つから，$AA^{-1}=E_n$ が成り立つ．

よって，$|AA^{-1}|=|A||A^{-1}|=|E_n|=1$．このことから，$|A|\neq 0$であることがわかる．(1)より，

$$A\left(\frac{1}{|A|}adjA\right)=E_n.$$

このことは，$A^{-1}=\dfrac{1}{|A|}adjA$ であることを示している．

> **系 6.2**　$n$ 次正方行列 $A$ について，次が成り立つ．
>
> $$A\text{ が正則行列} \Longleftrightarrow |A|\neq 0$$

> **例題 6.2**　次の行列が逆行列を持つかどうかを調べて，逆行列を持てばそれを求めよ．
>
> (1) $A=\begin{bmatrix}a & b\\ c & d\end{bmatrix}$　　(2) $B=\begin{bmatrix}1 & 2 & 0\\ 3 & 4 & 0\\ 1 & 4 & 5\end{bmatrix}$

**解** (1) $|A|=ad-bc$．よって，$ad-\mathrm{bc}\neq 0$ ならば逆行列を持つ．

$A_{11}=(-1)^{1+1}d=d$，$A_{12}=(-1)^{1+2}c=-c$，

$A_{21}=(-1)^{2+1}b=-b$，$A_{22}=(-1)^{2+2}a=a$. よって，定理 6.1(2)より

$$A^{-1}=\frac{1}{|A|}\begin{bmatrix}A_{11} & A_{21}\\ A_{12} & A_{22}\end{bmatrix}=\frac{1}{ad-bc}\begin{bmatrix}d & -b\\ -c & a\end{bmatrix}.$$

(2) $|B|=-10$．よって，逆行列を持つ．定理 6.1(2)より，

$B^{-1}=\dfrac{1}{|B|}adjB$ であるから，例題 6.1 から

$$B^{-1}=\frac{-1}{10}\begin{bmatrix}20 & -10 & 0\\ -15 & 5 & 0\\ 8 & -2 & -2\end{bmatrix}.$$

**問6.2**　余因子行列を用いて，次の行列の逆行列を求めよ．

(1) $\begin{bmatrix}2 & 0 & 1\\ -1 & 1 & 2\\ 1 & 3 & 0\end{bmatrix}$　　(2) $\begin{bmatrix}1 & 2 & 3\\ 0 & 1 & 1\\ 1 & 0 & 4\end{bmatrix}$

## 6.2　クラメルの公式

ここでは，行列式を用いて連立1次方程式を解くことを学ぶ．§4 の 4.1 で，連立1次方程式

$$\begin{cases}a_{11}x_1+a_{12}x_2=b_1\\ a_{21}x_1+a_{22}x_2=b_2\end{cases}$$

の解は，$D=a_{11}a_{22}-a_{12}a_{21}\neq 0$ とすると

$$x_1=\frac{b_1a_{22}-b_2a_{12}}{D},\quad x_2=\frac{b_2a_{11}-b_1a_{21}}{D}$$

であることを学んだ．これを行列式を用いて表すと

$$x_1=\frac{\begin{vmatrix}b_1 & a_{12}\\ b_2 & a_{22}\end{vmatrix}}{\begin{vmatrix}a_{11} & a_{12}\\ a_{21} & a_{22}\end{vmatrix}},\quad x_2=\frac{\begin{vmatrix}a_{11} & b_1\\ a_{21} & b_2\end{vmatrix}}{\begin{vmatrix}a_{11} & a_{12}\\ a_{21} & a_{22}\end{vmatrix}}$$

となる．このことは，一般にも成り立つ．

$n$ 個の未知数を持つ連立1次方程式

$$\begin{cases}a_{11}x_1+a_{12}x_2+\cdots+a_{1n}x_n=b_1\\ a_{21}x_1+a_{22}x_2+\cdots+a_{1n}x_n=b_2\\ \cdots\cdots\cdots\cdots\cdots\cdots\cdots\cdots\\ a_{n1}x_1+a_{n2}x_2+\cdots+a_{nn}x_n=b_n\end{cases}$$

を

$$A\boldsymbol{x}=\boldsymbol{b}$$

で表す．このとき，次のクラメル(Cramer)の公式が成り立つ．

**定理 6.3（クラメルの公式）**　連立1次方程式 $A\boldsymbol{x}=\boldsymbol{b}$ において，$|A|\neq 0$ ならば，この方程式の解は次式で与えられる．

$$x_j=\frac{1}{|A|}\begin{vmatrix} a_{11} & \cdots & b_1 & \cdots & a_{1n} \\ a_{21} & \cdots & b_2 & \cdots & a_{2n} \\ \cdots & \cdots & \cdots & \cdots & \cdots \\ a_{n1} & \cdots & b_n & \cdots & a_{nn} \end{vmatrix} \quad (j=1,2,\cdots,n)$$

（$b$ の列は $j$ 列）

ここに，分子の行列式は行列式 $|A|$ の第 $j$ 列を列ベクトル $\boldsymbol{b}$ で置き換えた行列式である．

定理の証明に入る前に内容を例示しておこう．

**例題 6.3**　クラメルの公式を用いて，次の連立1次方程式を解け．

$$\begin{cases} x+y-z=4 \\ 2x-y+z=5 \\ x-2y+z=0 \end{cases}$$

**解**　係数行列を $A$ とすると，$|A|=\begin{vmatrix} 1 & 1 & -1 \\ 2 & -1 & 1 \\ 1 & -2 & 1 \end{vmatrix}=3$．よって，クラメルの公式より

$$x=\frac{1}{|A|}\begin{vmatrix} 4 & 1 & -1 \\ 5 & -1 & 1 \\ 0 & -2 & 1 \end{vmatrix}=\frac{9}{3}=3,\ y=\frac{1}{|A|}\begin{vmatrix} 1 & 4 & -1 \\ 2 & 5 & 1 \\ 1 & 0 & 1 \end{vmatrix}$$

$$=\frac{6}{3}=2,\quad z=\frac{1}{|A|}\begin{vmatrix} 1 & 1 & 4 \\ 2 & -1 & 5 \\ 1 & -2 & 0 \end{vmatrix}=\frac{3}{3}=1.$$

では，定理 6.3 の証明に入ろう．証明は簡単である．

［**定理6.3の証明**］　$|A|\neq 0$であるから，定理6.1より

$$x=A^{-1}\boldsymbol{b}=\frac{1}{|A|}(adjA)\boldsymbol{b}.$$

$\boldsymbol{x}={}^t[x_1,x_2,\cdots,x_n]$，$\boldsymbol{b}={}^t[b_1,b_2,\cdots,b_n]$であるから

$$\boldsymbol{x}=\begin{bmatrix}x_1\\ \vdots\\ x_n\end{bmatrix}=\frac{1}{|A|}\begin{bmatrix}A_{11}&A_{21}&\cdots&A_{n1}\\ A_{12}&A_{22}&\cdots&A_{n2}\\ \cdots&\cdots&\cdots&\cdots\\ A_{1n}&A_{2n}&\cdots&A_{nn}\end{bmatrix}\begin{bmatrix}b_1\\ \vdots\\ b_n\end{bmatrix}$$

よって，

$$\boldsymbol{x}_j=\frac{1}{|A|}(b_1A_{1j}+\cdots+b_jA_{jj}+\cdots+b_nA_{nj})$$

$$=\frac{1}{|A|}\overset{j\text{列}}{\begin{vmatrix}a_{11}&\cdots&b_1&\cdots&a_{1n}\\ a_{21}&\cdots&b_2&\cdots&a_{2n}\\ \cdots&\cdots&\cdots&\cdots&\cdots\\ a_{n1}&\cdots&b_n&\cdots&a_{nn}\end{vmatrix}}.\quad(j=1,2,\cdots,n)$$

**問6.3**　クラメルの公式を用いて，次の連立1次方程式を解け．

(1) $\begin{cases}x+2y-3z=1\\ 2x+y-2z=2\\ 3x+2y+z=-1\end{cases}$　　(2) $\begin{cases}2x+y-z=-5\\ x-2y+z=6\\ -x+y-2z=5\end{cases}$

## 6.3　ベクトルの外積

ここでは3次元空間（$xyz$空間）のベクトルの話をする．平面や3次元空間のベクトルについては，高校等ですでに学習済みであるが，少し復習をしておこう．大きさと向きを持つ量を**ベクトル**といい，これに対して向きを持たないで単に大きさだけ持つ量を**スカラー**という．例えば，力，速度はベクトルで，長さや温度などはスカラーである．

ベクトルを1つの文字で表す場合には，太字$\boldsymbol{a}$，$\boldsymbol{b}$，$\cdots$を用い，ベクトル$\boldsymbol{a}$

の大きさを$|\boldsymbol{a}|$で表す．ベクトルは図6.1のように矢印をつけた線分で表すと便利である．これを有向線分といい，線分PQの長さで，ベクトルの大きさを表し，矢印の向きで，ベクトルの向きを表す．

これを記号$\overrightarrow{\mathrm{PQ}}$で表す．Pを始点，点Qを終点という．ベクトル$\boldsymbol{a}$が有向線分$\overrightarrow{\mathrm{PQ}}$で表されることを

$$\boldsymbol{a}=\overrightarrow{\mathrm{PQ}}$$

で表す．

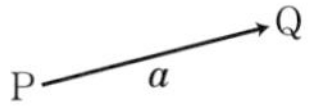


図6.1

長さが0と1のベクトルを，それぞれ**零ベクトル**，**単位ベクトル**という．

ベクトルの演算（スカラー倍，和，内積）は高校等で学んだ通りであるが，和と内積について復習しておこう．

ベクトルの和は，

$$\boldsymbol{a}=\overrightarrow{\mathrm{PQ}},\ \boldsymbol{b}=\overrightarrow{\mathrm{QR}}\ \text{とするとき，}\ \boldsymbol{a}+\boldsymbol{b}=\overrightarrow{\mathrm{PR}}$$

と定める（図6.2参照）．

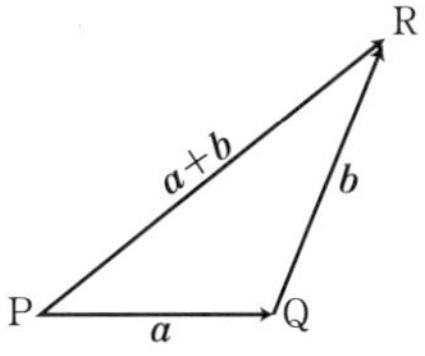


図6.2

$\mathbf{0}$でない2つのベクトル$\boldsymbol{a}$, $\boldsymbol{b}$について$\boldsymbol{a}=\overrightarrow{\mathrm{OA}}$，$\boldsymbol{b}=\overrightarrow{\mathrm{OB}}$としたとき，$\angle\mathrm{AOB}=\theta$ $(0\leqq\theta\leqq\pi)$をベクトル$\boldsymbol{a}$, $\boldsymbol{b}$のなす角という．このとき，$|\boldsymbol{a}||\boldsymbol{b}|\cos\theta$を$\boldsymbol{a}$, $\boldsymbol{b}$の内積といい，$\boldsymbol{a}\cdot\boldsymbol{b}$あるいは$(\boldsymbol{a},\boldsymbol{b})$と書く．すなわち，$\boldsymbol{a}\cdot\boldsymbol{b}=|\boldsymbol{a}||\boldsymbol{b}|\cos\theta$（図6.3参照）．$\boldsymbol{a}$, $\boldsymbol{b}$の少なくとも一方が$\mathbf{0}$ならば$\boldsymbol{a}\cdot\boldsymbol{b}=0$と定める．

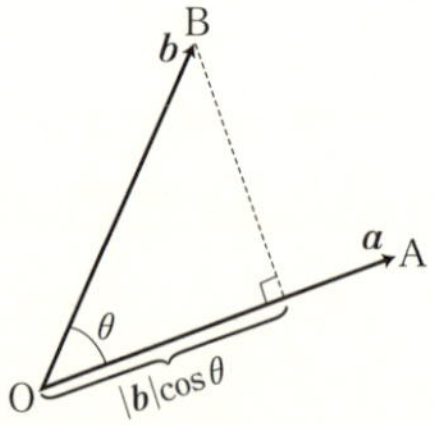


図6.3

内積の性質等については，紙面の関係上割愛するので各自持っている高校等で使用したテキスト等で，復習しておいて欲しい．次に，ベクトルの成分の話に移ろう．

$xyz$ 空間において，$x$ 軸，$y$ 軸，$z$ 軸上の正の向きの単位ベクトルをそれぞれ $\boldsymbol{e}_1, \boldsymbol{e}_2, \boldsymbol{e}_3$ とすると，空間のベクトル $\boldsymbol{a}$ は

$$\boldsymbol{a} = a_1\boldsymbol{e}_1 + a_2\boldsymbol{e}_2 + a_3\boldsymbol{e}_3$$

と一意的に表すことができる．$a_1, a_2, a_3$ を $\boldsymbol{a}$ の **$x$ 成分**，**$y$ 成分**，**$z$ 成分**といい，本節では高校等での表し方にならって，$\boldsymbol{a} = (a_1, a_2, a_3)$ と表す．これをベクトルの**成分表示**という．

$\boldsymbol{e}_1, \boldsymbol{e}_2, \boldsymbol{e}_3$ を **3 次元空間の基本ベクトル**といい，これらを成分表示すると

$$\boldsymbol{e}_1 = (1, 0, 0), \quad \boldsymbol{e}_2 = (0, 1, 0), \quad \boldsymbol{e}_3 = (0, 0, 1)$$

となる．

$$\boldsymbol{a} = (a_1, a_2, a_3), \quad \boldsymbol{b} = (b_1, b_2, b_3)$$

のとき，$\boldsymbol{a}$ のスカラー倍，和，内積はそれぞれ

$$\lambda\boldsymbol{a} = (\lambda a_1, \lambda a_2, \lambda a_3) \quad (\lambda \text{ はスカラー})$$

$$\boldsymbol{a} + \boldsymbol{b} = (a_1 + b_1, a_2 + b_2, a_3 + b_3)$$

$$\boldsymbol{a} \cdot \boldsymbol{b} = a_1 b_2 + a_2 b_2 + a_3 b_3$$

である．復習はこの程度にしてベクトルの外積の定義の話に移ろう．

**定義 6.2 (外積)**

2つのベクトル $\boldsymbol{a}$, $\boldsymbol{b}$ は両方とも零ベクトルでなく，平行でないとする．$\boldsymbol{a}=\overrightarrow{\mathrm{OP}}$，$\boldsymbol{b}=\overrightarrow{\mathrm{OQ}}$ とするとき，OP, OQ を2隣辺とする平行四辺形の面積をその大きさとし，180°以内の回転で OP と OQ が重なるように OP を O のまわりに回転するとき，右ネジ(普通のネジ)が進む方向を向きとして持つ $\boldsymbol{a}$ と $\boldsymbol{b}$ の両方と直交するベクトルをベクトル $\boldsymbol{a}$, $\boldsymbol{b}$ の**外積**(または**ベクトル積**)といい，これを $\boldsymbol{a}\times\boldsymbol{b}$ で表す(図6. 4参照).

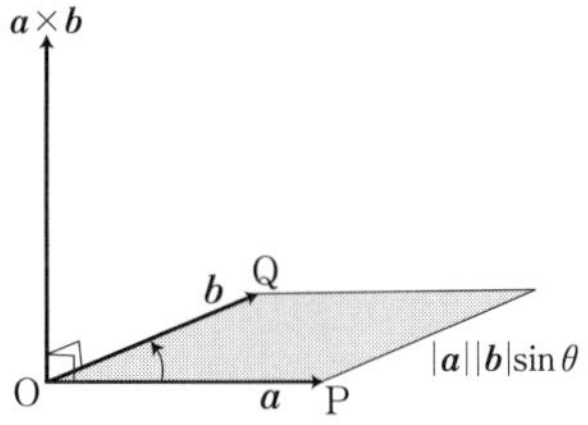


図6.4

なお，$\boldsymbol{a}$, $\boldsymbol{b}$ のどちらか一方が零ベクトルか，$\boldsymbol{a}$ と $\boldsymbol{b}$ が平行であるときは $\boldsymbol{a}\times\boldsymbol{b}=\boldsymbol{0}$ と定める．

この定義から，次のことが成り立つことがわかる(各自確かめられたい).

(1) $(\lambda\boldsymbol{a})\times\boldsymbol{b}=\boldsymbol{a}\times(\lambda\boldsymbol{b})=\lambda(\boldsymbol{a}\times\boldsymbol{b})$ ($\lambda$ はスカラー)

(2) $\boldsymbol{a}\times(\boldsymbol{b}+\boldsymbol{c})=\boldsymbol{a}\times\boldsymbol{b}+\boldsymbol{a}\times\boldsymbol{c}$, $(\boldsymbol{a}+\boldsymbol{b})\times\boldsymbol{c}=\boldsymbol{a}\times\boldsymbol{c}+\boldsymbol{b}\times\boldsymbol{c}$

(3) $|\boldsymbol{a}\times\boldsymbol{b}|=|\boldsymbol{a}||\boldsymbol{b}|\sin\theta$

(4) $\boldsymbol{a}\times\boldsymbol{b}=-\boldsymbol{b}\times\boldsymbol{a}$

(5) $\boldsymbol{e}_1\times\boldsymbol{e}_2=\boldsymbol{e}_3$，$\boldsymbol{e}_2\times\boldsymbol{e}_3=\boldsymbol{e}_1$，$\boldsymbol{e}_3\times\boldsymbol{e}_1=\boldsymbol{e}_2$

ここで，ベクトルの外積 $\boldsymbol{a}\times\boldsymbol{b}$ の成分表示を求めてみよう．

$\boldsymbol{a}=(a_1,\ a_2,\ a_3)$，$\boldsymbol{b}=(b_1,\ b_2,\ b_3)$ とする．このとき，$\boldsymbol{a}=a_1\boldsymbol{e}_1+a_2\boldsymbol{e}_2+a_3\boldsymbol{e}_3$，$\boldsymbol{b}=b_1\boldsymbol{e}_1+b_2\boldsymbol{e}_2+b_3\boldsymbol{e}_3$ と書くことができる．

$$\boldsymbol{a}\times\boldsymbol{b}=(a_1\boldsymbol{e}_1+a_2\boldsymbol{e}_2+a_3\boldsymbol{e}_3)\times(b_1\boldsymbol{e}_1+b_2\boldsymbol{e}_2+b_3\boldsymbol{e}_3)$$
$$=a_1b_1\boldsymbol{e}_1\times\boldsymbol{e}_1+a_1b_2\boldsymbol{e}_1\times\boldsymbol{e}_2+a_1b_3\boldsymbol{e}_1\times\boldsymbol{e}_3+a_2b_1\boldsymbol{e}_2\times\boldsymbol{e}_1$$
$$+a_2b_2\boldsymbol{e}_2\times\boldsymbol{e}_2+a_2b_3\boldsymbol{e}_2\times\boldsymbol{e}_3+a_3b_1\boldsymbol{e}_3\times\boldsymbol{e}_1+a_3b_2\boldsymbol{e}_3\times\boldsymbol{e}_2+a_3b_3\boldsymbol{e}_3\times\boldsymbol{e}_3$$

ところで，

$$\boldsymbol{e}_1\times\boldsymbol{e}_1=\boldsymbol{e}_2\times\boldsymbol{e}_2=\boldsymbol{e}_3\times\boldsymbol{e}_3=0,\quad \boldsymbol{e}_1\times\boldsymbol{e}_2=-\boldsymbol{e}_2\times\boldsymbol{e}_1,$$
$$\boldsymbol{e}_2\times\boldsymbol{e}_3=-\boldsymbol{e}_3\times\boldsymbol{e}_2,\quad \boldsymbol{e}_3\times\boldsymbol{e}_1=-\boldsymbol{e}_1\times\boldsymbol{e}_3$$

であるから，

$$\boldsymbol{a}\times\boldsymbol{b}=(a_2b_3-a_3b_2)\boldsymbol{e}_1+(a_3b_1-a_1b_3)\boldsymbol{e}_2+(a_1b_2-a_2b_1)\boldsymbol{e}_3$$
$$=\begin{vmatrix}a_2 & a_3\\ b_2 & b_3\end{vmatrix}\boldsymbol{e}_1+\begin{vmatrix}a_3 & a_1\\ b_3 & b_1\end{vmatrix}\boldsymbol{e}_2+\begin{vmatrix}a_1 & a_2\\ b_1 & b_2\end{vmatrix}\boldsymbol{e}_3 \qquad (6.1)$$

となる．

形式的に見れば，これは行列式の余因子展開の形になっているから，(6.1) を応用上の利便性を考慮して，

$$\boldsymbol{a}\times\boldsymbol{b}=\begin{vmatrix}\boldsymbol{e}_1 & \boldsymbol{e}_2 & \boldsymbol{e}_3\\ a_1 & a_2 & a_3\\ b_1 & b_2 & b_3\end{vmatrix}\ \left(\text{あるいは}\begin{vmatrix}\boldsymbol{e}_1 & a_1 & b_1\\ \boldsymbol{e}_2 & a_2 & b_2\\ \boldsymbol{e}_3 & a_3 & b_3\end{vmatrix}\right) \qquad (6.2)$$

と形式的に表すのが通例である．

**例題 6.4**　$\boldsymbol{a}\times(\boldsymbol{b}+\boldsymbol{c})=\boldsymbol{a}\times\boldsymbol{b}+\boldsymbol{a}\times\boldsymbol{c}$ が成り立つことを，(6.2) を用いて示せ．

**解**　$\boldsymbol{a}=(a_1, a_2, a_3)$，$\boldsymbol{b}=(b_1, b_2, b_3)$，$\boldsymbol{c}=(c_1, c_2, c_3)$ とする．このとき，$\boldsymbol{b}+\boldsymbol{c}=(b_1+c_1, b_2+c_2, b_3+c_3)$．よって，

$$\boldsymbol{a}\times(\boldsymbol{b}+\boldsymbol{c})=\begin{vmatrix}\boldsymbol{e}_1 & \boldsymbol{e}_2 & \boldsymbol{e}_3\\ a_1 & a_2 & a_3\\ b_1+c_1 & b_2+c_2 & b_3+c_3\end{vmatrix}$$
$$=\begin{vmatrix}\boldsymbol{e}_1 & \boldsymbol{e}_2 & \boldsymbol{e}_3\\ a_1 & a_2 & a_3\\ b_1 & b_2 & b_3\end{vmatrix}+\begin{vmatrix}\boldsymbol{e}_1 & \boldsymbol{e}_2 & \boldsymbol{e}_3\\ a_1 & a_2 & a_3\\ c_1 & c_2 & c_3\end{vmatrix}$$
$$=\boldsymbol{a}\times\boldsymbol{b}+\boldsymbol{a}\times\boldsymbol{c}.$$

**例題 6.5**　平面上に 3 点 $A(a_1,\ a_2)$, $B(b_1,\ b_2)$, $C(c_1,\ c_2)$ があるとき，三角形 ABC の面積は次の行列式の値の絶対値に等しいことを，ベクトルの外積を用いて示せ．ただし，3 点は一直線上にないものとする．

$$\frac{1}{2}\begin{vmatrix} 1 & 1 & 1 \\ a_1 & b_1 & c_1 \\ a_2 & b_2 & c_2 \end{vmatrix}$$

**解**　平面上の 3 点 $A(a_1,\ a_2)$, $B(b_1,\ b_2)$, $C(c_1,\ c_2)$ を空間の 3 点 $A(a_1,\ a_2,\ 0)$, $B(b_1,\ b_2,\ 0)$, $C(c_1,\ c_2,\ 0)$ とそれぞれ同一視する．このとき，$\boldsymbol{a}=\overrightarrow{\mathrm{AB}}=(b_1-a_1,\ b_2-a_2,\ 0)$, $\boldsymbol{b}=\overrightarrow{\mathrm{AC}}=(c_1-a_1,\ c_2-a_2,\ 0)$ であるから，外積の定義より，三角形の ABC の面積は $\dfrac{1}{2}|\boldsymbol{a}\times\boldsymbol{b}|$ である．一方，

$$\boldsymbol{a}\times\boldsymbol{b}=\begin{vmatrix} \boldsymbol{e}_1 & \boldsymbol{e}_2 & \boldsymbol{e}_3 \\ b_1-a_1 & b_2-a_2 & 0 \\ c_1-a_1 & c_2-a_2 & 0 \end{vmatrix}$$

$$=\begin{vmatrix} b_1-a_1 & b_2-a_2 \\ c_1-a_1 & c_2-a_2 \end{vmatrix}\boldsymbol{e}_3=\begin{vmatrix} 1 & 1 & 1 \\ a_1 & b_1 & c_1 \\ a_2 & b_2 & c_2 \end{vmatrix}\boldsymbol{e}_3$$

である．ここで，$|\boldsymbol{e}_3|=1$ であることに注意すると，求める結果となる．

**問 6.4**　$xy$ 平面上の相異なる 2 点 $\mathrm{A}(a_1,\ b_1)$, $\mathrm{B}(a_2,\ b_2)$ を通る直線の方程式は次の式で与えられることを，外積を用いて示せ．

$$\begin{vmatrix} x & y & 1 \\ a_1 & b_1 & 1 \\ a_2 & b_2 & 1 \end{vmatrix}=0$$

**演習問題 6**

1. 次の連立1次方程式を解け．ただし $a$, $b$, $c$ は互いに異なる定数で $a+b+c \neq 0$ とする．

$$\begin{cases} ax+by+cz=a \\ bx+cy+az=b \\ cx+ay+bz=c \end{cases}$$

2. $A$ は $n$ 次正方行列で成分がすべて整数とする．このとき，$|A|=\pm 1$ ならば $A^{-1}$ の成分もすべて整数であることを示せ．

3. ベクトル $\boldsymbol{a}$, $\boldsymbol{b}$ の内積を $\boldsymbol{a}\cdot\boldsymbol{b}$ で表す．このとき，ベクトル $\boldsymbol{a}$, $\boldsymbol{b}$, $\boldsymbol{c}$ を3辺とする平行六面体の体積は $|(\boldsymbol{a}\times\boldsymbol{b})\cdot\boldsymbol{c}|$ であることを示せ（図6.5参照）．

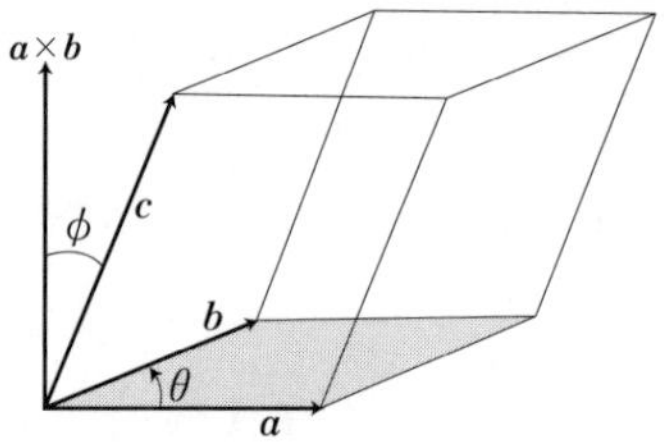


図6.5

答は巻末（演習問題解答）を参照

## 問の解答

**問6.1**　(1) $\begin{bmatrix} 4 & -2 \\ -3 & 1 \end{bmatrix}$　　(2) $\begin{bmatrix} 1 & -2 & -2 \\ 0 & -5 & 0 \\ -3 & 1 & 1 \end{bmatrix}$

**問6.2**　(1) $|A| = -16$.　$A_{11} = -6$, $A_{12} = 2$, $A_{13} = -4$,

$A_{21} = 3$, $A_{22} = -1$, $A_{23} = -6$, $A_{31} = -1$, $A_{32} = -5$, $A_{33} = 2$.

$$A^{-1} = \frac{1}{16}\begin{bmatrix} 6 & -3 & 1 \\ -2 & 1 & 5 \\ 4 & 6 & -2 \end{bmatrix}$$

(2) $|A| = 3$.　$A_{11} = 4$, $A_{12} = 1$, $A_{13} = -1$,

$A_{21} = -8$, $A_{22} = 1$, $A_{23} = 2$, $A_{31} = -1$, $A_{32} = -1$, $A_{33} = 1$.

$$A^{-1} = \frac{1}{3}\begin{bmatrix} 4 & -8 & -1 \\ 1 & 1 & -1 \\ -1 & 2 & 1 \end{bmatrix}$$

**問6.3**　係数行列を $A$ とおく．

(1) $|A| = -14$.　$x = 5/7$,　$y = -8/7$,　$z = -6/7$

(2) $|A| = 8$.　$x = -7/4$,　$y = -25/4$,　$z = -19/4$

**問6.4**　平面上の 2 点 $\mathrm{A}(a_1,\ b_1)$, $\mathrm{B}(a_2,\ b_2)$ を空間の 2 点 $\mathrm{A}(a_1,\ b_1,\ 0)$, $\mathrm{B}(a_2,\ b_2,\ 0)$ とそれぞれ同一視する．直線上の任意の点 P の座標を $(x, y, 0)$ とする．このとき，$\boldsymbol{a} = \overrightarrow{\mathrm{AP}} = (x-a_1,\ y-b_1,\ 0)$, $\boldsymbol{b} = \overrightarrow{\mathrm{BP}} = (x-a_2,\ y-b_2,\ 0)$. A, B, P は同一直線上の点であるから，$\boldsymbol{a}$, $\boldsymbol{b}$ は平行．外積の定義より，$\boldsymbol{a} \times \boldsymbol{b} = \boldsymbol{0}$. あとは，例題 6.5 の証明と全く同様して求める結果が得られる．

# 第3章 ベクトル空間

## §7 ベクトル空間

### 7.1 $n$ 次元ベクトル

第1章の1.1で $n\times 1$ 行列を列ベクトル，$1\times n$ 行列を行ベクトルと呼んだ．ここでは，その話をもう少し詳しく述べる．

$n$ 個の実数の組 $\boldsymbol{a}=\begin{bmatrix} a_1 \\ \vdots \\ a_n \end{bmatrix}$ が，次の2つの演算

[1] スカラー倍　$c\boldsymbol{a}=\begin{bmatrix} ca_1 \\ \vdots \\ ca_n \end{bmatrix}$　($c$ は任意の実数)

[2] 和　$\boldsymbol{a}+\boldsymbol{b}=\begin{bmatrix} a_1 \\ \vdots \\ a_n \end{bmatrix}+\begin{bmatrix} b_1 \\ \vdots \\ b_n \end{bmatrix}=\begin{bmatrix} a_1+b_1 \\ \vdots \\ a_n+b_n \end{bmatrix}$

を満たすとき，$\boldsymbol{a}$ を $n$ **次元数ベクトル**あるいは単に $n$ **次元ベクトル**という．各 $a_i$ $(i=1,\cdots,n)$ を $a$ の**成分**といい，成分の個数を**次元**という．もちろん，数を横に並べて

$$[a_1,\ \cdots,\ a_n]$$

と書いてもよい．$n$ 次元ベクトルに対して普通の数字（ここでは実数）を**スカラー**という．

縦に書く場合と横に並べて書く場合を区別するとき，縦に書いたベクトルを（$n$ 次元あるいはより簡単に $n$ 次の）**列ベクトル**，横に並べて書いたベクトルを（$n$ 次元あるいは $n$ 次の）**行ベクトル**という．$n$ 次元ベクトル全体の集合を $\boldsymbol{R}^n$ で表す．

6.3 でのベクトルの成分表示では，高校等での表し方にしたがって，行ベクトルを用いたが，今後は列ベクトル表示を用いる．なお，紙面のスペースを節約するために $\boldsymbol{a}=\begin{bmatrix} a_1 \\ \vdots \\ a_n \end{bmatrix}$ を，　しばしば $\boldsymbol{a}={}^t[a_1,\ \cdots,\ a_n]$ と表す．

$n$ 次元ベクトルで，$i$ 成分は 1 で，それ以外のすべての成分が 0 であるベクトルを $\boldsymbol{e}_i$ $(i=1,\cdots,n)$ で表して，これを **$n$ 次元基本ベクトル**という．

$\boldsymbol{a}={}^t[a_1,\ \cdots,\ a_n]$ において，$a_1=\cdots=a_n=0$ のとき，**零ベクトル**といい，$\boldsymbol{a}=\boldsymbol{0}$ と表す．

$\boldsymbol{a}={}^t[a_1,\ \cdots,\ a_n]$，$\boldsymbol{b}={}^t[b_1,\ \cdots,\ b_n]$ 対して，　$a_1=b_1,\ \cdots,\ a_n=b_n$ のとき，$\boldsymbol{a}$ と $\boldsymbol{b}$ は等しいといい，$\boldsymbol{a}=\boldsymbol{b}$ で表す．ここで，内積を定義する．

$\boldsymbol{a}={}^t[a_1,\ \cdots,\ a_n]$，$\boldsymbol{b}={}^t[b_1,\ \cdots,\ b_n]$ のとき，スカラー（すなわちベクトルでなく単なる数字）

$$a_1b_1+\cdots+a_nb_n$$

をベクトル $\boldsymbol{a}$, $\boldsymbol{b}$ の**内積**といい，それを，§6 での表し方にしたがって，$\boldsymbol{a}\cdot\boldsymbol{b}$ あるいは $(\boldsymbol{a},\ \boldsymbol{b})$ で表す．すなわち，内積を表すのに $\boldsymbol{a}\cdot\boldsymbol{b}$ の方を用いると

$$\boldsymbol{a}\cdot\boldsymbol{b}=a_1b_1+\cdots+a_nb_n$$

である．

内積に関しては次の性質が成り立つ．ただし，$\lambda$ はスカラーとする．

(1) $(\boldsymbol{a}+\boldsymbol{b})\cdot\boldsymbol{c}=\boldsymbol{a}\cdot\boldsymbol{c}+\boldsymbol{b}\cdot\boldsymbol{c}$

(2) $\boldsymbol{a}\cdot\boldsymbol{b}=\boldsymbol{b}\cdot\boldsymbol{a}$

(3) $\lambda(\boldsymbol{a}\cdot\boldsymbol{b})=(\lambda\boldsymbol{a})\cdot\boldsymbol{b}=\boldsymbol{a}\cdot(\lambda\boldsymbol{b})$

(4) $\boldsymbol{a}\cdot\boldsymbol{a}\geqq 0$ で，$\boldsymbol{a}\cdot\boldsymbol{a}=0 \Longleftrightarrow \boldsymbol{a}=\boldsymbol{0}$.

**注**　$n$ 個の複素数の組の集合に，$\boldsymbol{R}^n$ での場合と同様の相等，加法，スカラー倍（この場合は複素数）を定義して得られる数ベクトル全体の集合を $\boldsymbol{C}^n$ で表す．$\boldsymbol{C}^n$ では，$\boldsymbol{a}={}^t[a_1, \cdots, a_n]$，$\boldsymbol{b}={}^t[b_1, \cdots, b_n]$（$a_i$，$b_i$ が複素数）のとき，内積は，

$$\boldsymbol{a}\cdot\boldsymbol{b}=a_1\,\overline{b}_1+\cdots+a_n\,\overline{b}_n$$

で定義する．ここに，$\overline{b}_i$ は $b_i$ の共役複素数である．本節では $C^n$ は扱わない．

$n$ 次元ベクトル $\boldsymbol{a}$ の大きさ $|\boldsymbol{a}|$ を，内積を利用して

$$|\boldsymbol{a}|=\sqrt{\boldsymbol{a}\cdot\boldsymbol{a}}=\sqrt{a_1^2+\cdots+a_n^2}$$

で定義し，大きさ 1 のベクトルを**単位ベクトル**という．また，$\boldsymbol{0}$ でない 2 つの $n$ 次元ベクトル $\boldsymbol{a}$ と $\boldsymbol{b}$ のなす角 $\theta$ を

$$\cos\theta=\frac{\boldsymbol{a}\boldsymbol{b}}{|\boldsymbol{a}||\boldsymbol{b}|}$$

で定義する．特に，$\boldsymbol{a}\cdot\boldsymbol{b}=0$ のとき，$\boldsymbol{a}\perp\boldsymbol{b}$ と書き，ベクトル $\boldsymbol{a}$，$\boldsymbol{b}$ は**直交**するという．

**例題 7.1**　$\boldsymbol{a}={}^t[1,2,0,2]$，$\boldsymbol{b}={}^t[1,-1,-2,1]$ のとき，内積 $\boldsymbol{a}\cdot\boldsymbol{b}$ および 2 つのベクトル $\boldsymbol{a}$，$\boldsymbol{b}$ のなす角 $\theta$ の余弦を求めよ．

**解**　$\boldsymbol{a}\cdot\boldsymbol{b}=1\times1+2\times(-1)+0(-2)+2\times1=1.$

$$|\boldsymbol{a}|=\sqrt{1^2+2^2+0^2+2^2}=3,\quad |\boldsymbol{b}|=\sqrt{1^2+(-1)^2+(-2)^2+1^2}=\sqrt{7}.$$

よって，$\cos\theta=\dfrac{1}{3\sqrt{7}}=\dfrac{\sqrt{7}}{21}.$

**問 7.1**　$\boldsymbol{R}^4$ の 2 つのベクトル $\boldsymbol{a}={}^t[x,2,3,4]$，$\boldsymbol{b}={}^t[1,3,5,-2x]$ が直交するように定数 $x$ の値を定めよ．

次に，「なぜ，$n\times1$ 行列すなわち ${}^t[a_1, \cdots, a_n]$ をベクトルと呼ぶのか」の話をしよう．

## 7.2　ベクトル空間

実数全体の集合を $\boldsymbol{R}$，複素数全体の集合を $\boldsymbol{C}$ で表す．少々天下り的であるが，ベクトル空間の定義を与えよう．

**定義 7.1**

$K=\boldsymbol{R}$（または $\boldsymbol{C}$）とする．集合 $V$ が次の条件［I］，［II］を満たすとき，$V$ を $K$ 上の**ベクトル空間**あるいは**線形空間**といい，$V$ の元を**ベクトル**，$K$ の元を**スカラー**という．

［I］ 任意の $\boldsymbol{a}$, $\boldsymbol{b}\in V$ に対して，和 $\boldsymbol{a}+\boldsymbol{b}\in V$ が定義され，次のことが成り立つ．

(1) $(\boldsymbol{a}+\boldsymbol{b})+\boldsymbol{c}=\boldsymbol{a}+(\boldsymbol{b}+\boldsymbol{c})$

(2) $\boldsymbol{a}+\boldsymbol{b}=\boldsymbol{b}+\boldsymbol{a}$

(3) ある元 $\boldsymbol{0}\in V$ が存在して，すべての $\boldsymbol{a}\in V$ に対して $\boldsymbol{a}+\boldsymbol{0}=\boldsymbol{a}$

(4) 任意の $\boldsymbol{a}\in V$ に対して，ある $\boldsymbol{x}\in V$ が存在して $\boldsymbol{a}+\boldsymbol{x}=\boldsymbol{0}$

［II］ 任意の $\boldsymbol{a}\in V$ と任意の $\lambda\in K$ に対して，スカラー倍 $\lambda\boldsymbol{a}\in V$ が定義され，次が成り立つ．

(5) $\lambda(\boldsymbol{a}+\boldsymbol{b})=\lambda\boldsymbol{a}+\lambda\boldsymbol{b}$

(6) $(\lambda+\mu)\boldsymbol{a}=\lambda\boldsymbol{a}+\mu\boldsymbol{a}$

(7) $(\lambda\mu)\boldsymbol{a}=\lambda(\mu\boldsymbol{a})$

(8) $1\boldsymbol{a}=\boldsymbol{a}$

$K=\boldsymbol{R}$（実数）のとき，$V$ は**実ベクトル空間**といい，$K=\boldsymbol{C}$（複素数）のとき，$V$ は**複素ベクトル空間**という．本節では，主に実ベクトル空間を扱うので，ベクトル空間と言うときは実ベクトル空間を意味する．

ここで，いくつかベクトル空間の具体例を挙げておこう． 以下は，通常の加法・スカラー倍についてベクトル空間である．

$\boldsymbol{R}^n$ ：$n$ 個の成分が実数であるベクトルの全体.

$\boldsymbol{P}_n$ ：$n$ 次以下の実係数多項式全体

$\boldsymbol{M}(\boldsymbol{m},\boldsymbol{n}:\boldsymbol{R})$ ：成分が実数である $m\times n$ 行列全体

$\boldsymbol{P}_n$, $\boldsymbol{M}(\boldsymbol{m},\boldsymbol{n}:\boldsymbol{R})$ はベクトル空間であるから，それらの元はすべてベクトルと呼ぶ．つまり，集合 $V$ がベクトル空間であることがわかれば，$V$ の元がなんであろうとすべてベクトルと呼ぶのである．

**問 7.2**　$\boldsymbol{P}_n$, $\boldsymbol{M}(\boldsymbol{m},\boldsymbol{n}:\boldsymbol{R})$ がベクトル空間になることを示せ．

## 7.3　部分空間

ベクトル空間 $\boldsymbol{R}^2=\left\{\begin{bmatrix}a_1\\a_2\end{bmatrix}\middle|\ a_1,\ a_2\in\boldsymbol{R}\right\}$ の部分集合 $W=\left\{\begin{bmatrix}a\\0\end{bmatrix}\middle|\ a\in\boldsymbol{R}\right\}$ も通常の和とスカラー倍でベクトル空間をなすことが簡単に確かめられる (各自確かめられたい).

このように，ベクトル空間 $V$ の部分集合 $W$ が，$V$ と同じ演算によってベクトル空間になっているとき， $W$ をベクトル空間 $V$ の部分空間という．では，ここで，きちんとした定義を与えよう．

**定義 7.2**

$K$ 上のベクトル空間 $V$ の空でない部分集合 $W$ が 2 つの条件

(1)　任意の $\boldsymbol{a}$, $\boldsymbol{b}\in W$ に対して， $\boldsymbol{a}+\boldsymbol{b}\in W$

(2)　任意の $\lambda\in K$, $\boldsymbol{a}\in W$ に対して，$\lambda\boldsymbol{a}\in W$ を

満たすとき，$W$ を $V$ の**部分空間**という．

**注1**　条件(1), (2)は次の条件(3)と同値になる．

(3)　任意の $\boldsymbol{a},\ \boldsymbol{b} \in W,\ \lambda,\ \mu \in K$ に対して，

$$\lambda \boldsymbol{a} + \mu \boldsymbol{b} \in W$$

**注2**　$V$ 自身は，$V$ の最大の部分空間，$\{\boldsymbol{0}\}$ は最小の部分空間である．

**注3**　部分空間は必ず $\boldsymbol{0}$ を含む．

**例題 7.2**　$\boldsymbol{R}^2$ において，次の部分集合は部分空間となるかどうか調べよ．

(1) $W = \left\{ \begin{bmatrix} x \\ 2x \end{bmatrix} \middle| \ x \in \boldsymbol{R} \right\}$　　(2) $W = \left\{ \begin{bmatrix} x \\ y \end{bmatrix} \middle| \ x + y = 1 \right\}$

**解**　(1)　$\boldsymbol{a} = \begin{bmatrix} x \\ 2x \end{bmatrix},\ \boldsymbol{b} = \begin{bmatrix} y \\ 2y \end{bmatrix} \in W$ とする．このとき，部分空間を作るための条件(1), (2)を満たすかどうか調べればよい．

$$\boldsymbol{a} + \boldsymbol{b} = \begin{bmatrix} x \\ 2x \end{bmatrix} + \begin{bmatrix} y \\ 2y \end{bmatrix} = \begin{bmatrix} x+y \\ 2(x+y) \end{bmatrix} \in W.$$

$\lambda \in R$ とする．このとき，

$$\lambda \boldsymbol{a} = \lambda \begin{bmatrix} x \\ 2x \end{bmatrix} = \begin{bmatrix} \lambda x \\ 2(\lambda x) \end{bmatrix} \in W.$$

よって，条件(1), (2)が満たされるから，$W$ は $\boldsymbol{R}^2$ の部分空間である．

(2)　$\boldsymbol{a} = \begin{bmatrix} 1 \\ 0 \end{bmatrix} \in W$，$\lambda = 2$ とすると，$2\boldsymbol{a} = \begin{bmatrix} 2 \\ 0 \end{bmatrix}$ となる．ところが $2+0 \neq 1$ であるから，$2\boldsymbol{a} \notin W$．よって，定義 7.2 の(2)より，部分空間でない．

このように $W$ が部分空間でないことを示すには，反例を1つあげればよい．

**別解**　部分空間は必ず $\boldsymbol{0}$ を含む．ところが，$W$ の任意の元を $\begin{bmatrix} x \\ y \end{bmatrix}$ とすると $x + y = 1$ を満たさなくてはならないので，$\boldsymbol{0} \notin W$．よって，注3より，部分空間でない．

**問7.3**　$\boldsymbol{R}^3$ において，次の部分集合は部分空間となるかどうか調べよ．

(1) $W=\left\{\begin{bmatrix}x\\y\\z\end{bmatrix}\middle|\ 2x=y\right\}$　　(2) $W=\left\{\begin{bmatrix}x\\y\\z\end{bmatrix}\middle|\ x^2+y^2+z^2=1\right\}$

**問7.4**　$\boldsymbol{R}^n$ における同次連立1次方程式 $A\boldsymbol{x}=\boldsymbol{0}$ の解全体の集合 $W=\{\boldsymbol{x}\in\boldsymbol{R}^n \mid A\boldsymbol{x}=\boldsymbol{0}\}$ は，$\boldsymbol{R}^n$ の部分空間であることを示せ．この空間を同次連立1次方程式の**解空間**という．

**問7.5**　$W_1$，$W_2$ をベクトル空間 $V$ の2つの部分空間とする．このとき，共通部分 $W_1\cap W_2$ は $V$ の部分空間であることを示せ．

## 7.4　ベクトル空間の同型

2次多項式 $ax^2+bx+c$ に対して列ベクトル $\begin{bmatrix}a\\b\\c\end{bmatrix}$ を対応させるとベクトル空間 $\boldsymbol{P}_2$ の元と $\boldsymbol{R}^3$ の元は1対1対応し，対応する元どうしのスカラー倍，和も対応する．

例えば

$$2x^2+3x+1\longleftrightarrow\begin{bmatrix}2\\3\\1\end{bmatrix},\quad 3x^2+5x+2\longleftrightarrow\begin{bmatrix}3\\5\\2\end{bmatrix}$$

のとき，

$$(2x^2+3x+1)+(3x^2+5x+2)=5x^2+8x+3\longleftrightarrow\begin{bmatrix}2\\3\\1\end{bmatrix}+\begin{bmatrix}3\\5\\2\end{bmatrix}=\begin{bmatrix}5\\8\\3\end{bmatrix}$$

となる．

このことから，ベクトル空間 $\boldsymbol{P}_2$ と $\boldsymbol{R}^3$ は同じ構造を持っているとみなし

$\boldsymbol{P}_2$ と $\boldsymbol{R}^3$ は同型と言われている．

では，ここで，同型の定義を与えよう．

**定義 7.3**

2つのベクトル空間 $U$ と $V$ のベクトル間にもれなく1対1の対応がつき，$U$ における和，スカラー倍には対応する $V$ のベクトルの和，スカラー倍が対応する．すなわち，

$$\boldsymbol{a},\ \boldsymbol{b}\in U,\quad \boldsymbol{x},\ \boldsymbol{y}\in V \text{ で } \boldsymbol{a}\leftrightarrow\boldsymbol{x},\quad \boldsymbol{b}\leftrightarrow\boldsymbol{y} \text{ とすると}$$

$$\boldsymbol{a}+\boldsymbol{b}\longleftrightarrow\boldsymbol{x}+\boldsymbol{y},\quad \lambda\boldsymbol{a}\longleftrightarrow\lambda\boldsymbol{x}\quad (\lambda:\text{スカラー})$$

となっている．

このとき，$U$ と $V$ は**同型**であるといい，$U\cong V$ と表す．また，この対応を**同型対応**という．

座標平面上で原点Oを基点とする位置ベクトル全体の集合を $\boldsymbol{E}^2$ で表すと $\boldsymbol{E}^2\cong\boldsymbol{R}^2$ である．また，$\boldsymbol{P}_n\cong\boldsymbol{R}^{n+1}$ である．

**注**　平面あるいは空間において，定点Oを決めると，任意の点 $A$ の位置は，$\overrightarrow{\mathrm{OA}}$ で決まる．このベクトルを点Oを基点とする点 $A$ の**位置ベクトル**という．

## 7.5　1次独立・1次従属

これから述べる1次独立・1次従属という概念はベクトル空間における基本的で重要な概念の一つである．

**定義 7.4**

$K\,(=\boldsymbol{R}$ または $\boldsymbol{C})$ 上のベクトル空間 $V$ のベクトルの組 $\boldsymbol{a}_1$, $\boldsymbol{a}_2$, $\cdots$, $\boldsymbol{a}_n$ について

$$\lambda_1\boldsymbol{a}_1+\lambda_2\boldsymbol{a}_2+\cdots+\lambda_n\boldsymbol{a}_n=\boldsymbol{0}$$

が成立することが $\lambda_1=\lambda_2=\cdots=\lambda_n=0$ 以外にないとき**1次独立**あるいは**線形独立**といい，$\lambda_1=\lambda_2=\cdots=\lambda_n=0$ 以外にあるときを**1次従属**あるいは**線形従属**であるという．ここに，$\lambda_1$, $\lambda_2$, $\cdots$, $\lambda_n$ は $K$ の元である．

例えば，$\boldsymbol{R}^3$ において，基本ベクトル $\boldsymbol{e}_1=\begin{bmatrix}1\\0\\0\end{bmatrix}$, $\boldsymbol{e}_2=\begin{bmatrix}0\\1\\0\end{bmatrix}$, $\boldsymbol{e}_3=\begin{bmatrix}0\\0\\1\end{bmatrix}$ は1次独立である．

**例題 7.3**

(1) 零ベクトル $\boldsymbol{0}$ はそれ一つで1次従属であることを示せ．

(2) $\boldsymbol{R}^2$ のベクトル $\boldsymbol{a}={}^t[1,-2]$, $\boldsymbol{b}={}^t[3,-4]$ が1次独立であるかどうか調べよ．

**解**　(1)　例えば $1\cdot\boldsymbol{0}=\boldsymbol{0}$ と書くことができるので，1次従属である．

(2)　$x\boldsymbol{a}+y\boldsymbol{b}=\boldsymbol{0}$ とするとき，$x=y=0$ ならば1次独立である．$\boldsymbol{a}={}^t[1,-2]$, $\boldsymbol{b}={}^t[3,-4]$ であるから，連立1次方程式 $\begin{cases}x+3y=0\\-2x-4y=0\end{cases}$ を得る．この方程式は

$$\begin{bmatrix}1 & 3\\-2 & -4\end{bmatrix}\begin{bmatrix}x\\y\end{bmatrix}=\begin{bmatrix}0\\0\end{bmatrix} \qquad (*)$$

と書くことができる．ところで，

$$\begin{vmatrix}1 & 3\\-2 & -4\end{vmatrix}=2\neq 0$$

であるから，$(*)$ の係数行列は逆行列を持つ．よって，方程式 $(*)$ の解は $x=y=0$ 以外にない．したがって，$\boldsymbol{a}$, $\boldsymbol{b}$ は1次独立である．

上記の例題の(2)の解答と全く同様にして，次の定理が得られる．

**定理 7.1**　$\boldsymbol{a}_1 = {}^t[a_{11},\ a_{21},\ \cdots,\ a_{n1}]$，$\boldsymbol{a}_2 = {}^t[a_{12},\ a_{22},\ \cdots,\ a_{n2}]$，…，$\boldsymbol{a}_n = {}^t[a_{1n},\ a_{2n},\ \cdots,\ a_{nn}]$ を $\boldsymbol{R}^n$ の $n$ 個の $n$ 次元列ベクトルとするとき，次が成り立つ．

$$\boldsymbol{a}_1,\ \boldsymbol{a}_2,\ \cdots,\ \boldsymbol{a}_n \text{ が1次独立} \Longleftrightarrow \begin{vmatrix} a_{11} & a_{12} & \cdots & a_{1n} \\ \cdots & \vdots & \cdots & \cdots \\ a_{n1} & a_{n2} & \cdots & a_{nn} \end{vmatrix} \neq 0$$

$$\boldsymbol{a}_1,\ \boldsymbol{a}_2,\ \cdots,\ \boldsymbol{a}_n \text{ が1次従属} \Longleftrightarrow \begin{vmatrix} a_{11} & a_{12} & \cdots & a_{1n} \\ \cdots & \vdots & \cdots & \cdots \\ a_{n1} & a_{n2} & \cdots & a_{nn} \end{vmatrix} = 0$$

行ベクトルについても全く同様である．

**例題 7.4**　$\boldsymbol{R}^3$ の次のベクトルの組が1次独立か，1次従属かを判定せよ．

(1) $\boldsymbol{a}=[1,1,0]$，$\boldsymbol{b}=[1,0,1]$，$\boldsymbol{c}=[1,1,1]$

(2) $a=\begin{bmatrix}1\\2\\3\end{bmatrix}$，$b=\begin{bmatrix}3\\6\\1\end{bmatrix}$，$c=\begin{bmatrix}1\\2\\-5\end{bmatrix}$

**解**　(1) $\begin{vmatrix}1 & 1 & 0\\1 & 0 & 1\\1 & 1 & 1\end{vmatrix}=-1\neq 0$．よって，1次独立．

(2) $\begin{vmatrix}1 & 3 & 1\\2 & 6 & 2\\3 & 1 & -5\end{vmatrix}=0$．よって，1次従属．

**問 7.6**　$\boldsymbol{R}^3$ の次のベクトルの組が1次独立かどうかを調べよ．

$$\boldsymbol{a}={}^t[1,\ p,\ p],\quad \boldsymbol{b}={}^t[p,\ 1,\ p],\quad \boldsymbol{c}={}^t[p,\ p,\ 1]$$

**問 7.7**　$\boldsymbol{a}_1,\ \boldsymbol{a}_2,\ \cdots,\ \boldsymbol{a}_n$ がを $\boldsymbol{R}^n$ の列ベクトルとする．このとき，次のことを示せ．

$$\boldsymbol{a}_1,\ \boldsymbol{a}_2,\ \cdots,\ \boldsymbol{a}_n \text{ が1次独立} \Longleftrightarrow \mathrm{rank}[\boldsymbol{a}_1,\ \boldsymbol{a}_2,\ \cdots,\ \boldsymbol{a}_n]=n$$

$$\boldsymbol{a}_1,\ \boldsymbol{a}_2,\ \cdots,\ \boldsymbol{a}_n \text{ が1次従属} \Longleftrightarrow \mathrm{rank}[\boldsymbol{a}_1,\ \boldsymbol{a}_2,\ \cdots,\ \boldsymbol{a}_n]<n$$

ベクトル $\boldsymbol{a}_1$, $\boldsymbol{a}_2$, …, $\boldsymbol{a}_n$ に対して，これらのスカラー倍の和：

$$\lambda_1\boldsymbol{a}_1+\lambda_2\boldsymbol{a}_2+\cdots+\lambda_n\boldsymbol{a}_n$$

を $\boldsymbol{a}_1$, $\boldsymbol{a}_2$, …, $\boldsymbol{a}_n$ の1次結合あるいは**線形結合**という．

例えば，$2\boldsymbol{a}+3\boldsymbol{b}+\boldsymbol{c}$ はベクトル $\boldsymbol{a}$, $\boldsymbol{b}$, $\boldsymbol{c}$ の1次結合である．

1次独立，1次従属の定義より，ただちに，次の結果が得られる．

**定理 7.2**　同一次元の $m$ 個のベクトル $\boldsymbol{a}_1$, $\boldsymbol{a}_2$, …, $\boldsymbol{a}_m$ について，次が成り立つ．

1次従属 $\Longleftrightarrow$ どれか1つが，残りのベクトルの1次結合になっている．

1次独立 $\Longleftrightarrow$ どのベクトルも残りのベクトルの1次結合にならない．

**例題 7.5**　次のベクトルの組が1次独立かどうかを判定して，1次従属ならばその中の1つを他のベクトルの1次結合で表せ．

$$a=\begin{bmatrix}1\\1\\1\end{bmatrix},\quad b=\begin{bmatrix}-1\\-1\\1\end{bmatrix},\quad c=\begin{bmatrix}0\\0\\1\end{bmatrix}$$

**解**　$\begin{vmatrix}1 & -1 & 0\\1 & -1 & 0\\1 & 1 & 1\end{vmatrix}=0$．よって，1次従属．

いま，$\boldsymbol{a}=\lambda\boldsymbol{b}+\mu\boldsymbol{c}$ とおくと，

$$\begin{bmatrix}1\\1\\1\end{bmatrix}=\lambda\begin{bmatrix}-1\\-1\\1\end{bmatrix}+\mu\begin{bmatrix}0\\0\\1\end{bmatrix}$$

となる．この式より

$$-\lambda=1,\quad \lambda+\mu=1$$

を得る．よって，$\lambda=-1$, $\mu=2$

したがって，

$$\boldsymbol{a}=-\boldsymbol{b}+2\boldsymbol{c}.$$

**問 7.8**　次のベクトルの組が1次独立かどうかを判定して，1次従属ならばその中の1つを他のベクトルの1次結合で表せ．

$$\boldsymbol{a}=\begin{bmatrix}1\\2\\3\end{bmatrix},\ \ \boldsymbol{b}=\begin{bmatrix}1\\0\\1\end{bmatrix},\ \ \boldsymbol{c}=\begin{bmatrix}5\\4\\9\end{bmatrix}$$

## 演習問題 7

1 次の集合 $W$ は $\boldsymbol{R}^3$ の部分空間になるかどうか調べよ．

(1) $E=\left\{\begin{bmatrix}x\\y\\z\end{bmatrix}\middle|\ x+y+z=0\right\}$　　(2) $W=\left\{\begin{bmatrix}x\\y\\z\end{bmatrix}\middle|\ xyz\geqq 0\right\}$

2 $\boldsymbol{P}_n$ を $n$ 次以下の実係数多項式全体の集合とする．このとき，$1, x, x^2, \cdots, x^n$ は1次独立であることを示せ．また，$\boldsymbol{P}_n\cong\boldsymbol{R}^{n+1}$ であることも示せ．

3 $\boldsymbol{R}^3$ において，$\boldsymbol{a}={}^t[a,\ b,\ c]$，$\boldsymbol{b}={}^t[c,\ a,\ b]$，$\boldsymbol{c}={}^t[b,\ c,\ a]$ は1次独立かどうか判定せよ．

4 ベクトル $\boldsymbol{a}, \boldsymbol{b}, \boldsymbol{c}$ が1次独立のとき，$\boldsymbol{b}+\boldsymbol{c}$, $\boldsymbol{c}+\boldsymbol{a}$, $\boldsymbol{a}+\boldsymbol{b}$ は1次独立であることを示せ．

答は巻末(演習問題解答)を参照

## 問の解答

**問 7.1**　$x+6+15-8x=0.\quad x=3.$

**問 7.2**　略．

**問 7.3** (1) $\boldsymbol{a}=\begin{bmatrix} x \\ 2x \\ z_1 \end{bmatrix}$, $\boldsymbol{b}=\begin{bmatrix} y \\ 2y \\ z_2 \end{bmatrix}$, $\lambda$, $\mu\in\boldsymbol{R}$ とする．このとき，

$\lambda\boldsymbol{a}+\mu\boldsymbol{b}=\begin{bmatrix} \lambda x+\mu y \\ 2(\lambda x+\mu y) \\ \lambda z_1+\mu z_2 \end{bmatrix}\in W$．よって，部分空間である．

(2) $0\notin W$．よって，部分空間でない．

**問 7.4** $\boldsymbol{a}$, $\boldsymbol{b}\in W$, $\lambda$, $\mu\in\boldsymbol{R}$ とする．

$$A(\lambda\boldsymbol{a}+\mu\boldsymbol{b})=\lambda A\boldsymbol{a}+\mu A\boldsymbol{b}=\lambda\boldsymbol{0}+\mu\boldsymbol{0}=\boldsymbol{0}.$$

よって，$\lambda\boldsymbol{a}+\mu\boldsymbol{b}\in W$．したがって，$W$ は部分空間である．

**問 7.5** $\lambda$, $\mu\in K$, $\boldsymbol{x},\boldsymbol{y}\in W_1\cap W_2$ とする．このとき，$\boldsymbol{x},\boldsymbol{y}\in W_1$ かつ $\boldsymbol{x},\boldsymbol{y}\in W_2$．$W_1$，$W_2$ は部分空間であるから，$\lambda\boldsymbol{x}+\mu\boldsymbol{y}\in W_1$，$\lambda\boldsymbol{x}+\mu\boldsymbol{y}\in W_2$．よって，$\lambda\boldsymbol{x}+\mu\boldsymbol{y}\in W_1\cap W_2$．したがって，$V$ の部分空間である．

**問 7.6** $\begin{vmatrix} 1 & p & p \\ p & 1 & p \\ p & p & 1 \end{vmatrix}=(2p+1)(p-1)^2$

よって，$p\neq-1/2$ かつ $p\neq1$ のときは 1 次独立．$p=-1/2$ または $p=1$ のときは 1 次従属．

**問 7.7** $A$ を $n$ 次正方行列とする．定理 7.1 より，$\boldsymbol{a}_1$, $\boldsymbol{a}_2$, $\cdots$, $\boldsymbol{a}_n$ が 1 次独立 $\Longleftrightarrow |A|\neq0$．一方，定理 3.3 から，$|A|\neq0\Longleftrightarrow \mathrm{rank}A=n$．よって，求める結果が得られる．

**問 7.8** $\begin{vmatrix} 1 & 1 & 5 \\ 2 & 0 & 4 \\ 3 & 1 & 9 \end{vmatrix}=0$．よって，1 次従属．

$\boldsymbol{c}=\lambda\boldsymbol{a}+\mu\boldsymbol{b}$ とおくと，$\lambda=2$，$\mu=3$．よって，$\boldsymbol{c}=2\boldsymbol{a}+3\boldsymbol{b}$.

# §8 基底，次元，グラム・シュミットの直交化法

## 8.1 基底と次元

$\boldsymbol{R}^2$ において $\boldsymbol{a}=\begin{bmatrix}2\\3\end{bmatrix}$, $\boldsymbol{e}_1=\begin{bmatrix}1\\0\end{bmatrix}$, $\boldsymbol{e}_2=\begin{bmatrix}0\\1\end{bmatrix}$ とおくと，$\boldsymbol{e}_1$ と $\boldsymbol{e}_2$ は1次独立で，$\boldsymbol{a}=2\boldsymbol{e}_1+3\boldsymbol{e}_2$ と表すことができる．一般に，$\boldsymbol{R}^2$ の任意の元 $\boldsymbol{x}=\begin{bmatrix}x\\y\end{bmatrix}$ は，$\boldsymbol{x}=x\boldsymbol{e}_1+y\boldsymbol{e}_2$ と $\boldsymbol{e}_1$, $\boldsymbol{e}_2$ の1次結合で表される．このとき，$\boldsymbol{e}_1$, $\boldsymbol{e}_2$ を $\boldsymbol{R}^2$ の基底と呼ぶのであるが，ここで，基底の定義を与えよう．

**定義 8.1**

ベクトル空間 $V$ の元の組 $\{\boldsymbol{a}_1, \boldsymbol{a}_2, \cdots, \boldsymbol{a}_n\}$ が次の2つの条件を満たすとき，これを $V$ の**基底**(basis)という．

(i) $\boldsymbol{a}_1, \boldsymbol{a}_2, \cdots, \boldsymbol{a}_n$ は1次独立である．

(ii) $V$ の任意の元 $\boldsymbol{x}$ は $\boldsymbol{a}_1, \boldsymbol{a}_2, \cdots, \boldsymbol{a}_n$ の1次結合で表される．

**例題 8.1** ベクトル空間 $\boldsymbol{R}^2$ で $a=\begin{bmatrix}1\\2\end{bmatrix}$, $b=\begin{bmatrix}-2\\1\end{bmatrix}$ は基底であることを示せ．

**解** 最初に $\boldsymbol{a}$ と $\boldsymbol{b}$ が1次独立であることを示そう．それは $\begin{vmatrix}1 & -2\\2 & 1\end{vmatrix}=5\neq 0$ より明らかである．

次に，$\boldsymbol{R}^2$ の任意の元を $\boldsymbol{x}=\begin{bmatrix}x\\y\end{bmatrix}$ とするとき，$\begin{bmatrix}x\\y\end{bmatrix}=\lambda\begin{bmatrix}1\\2\end{bmatrix}+\mu\begin{bmatrix}-2\\1\end{bmatrix}$ を満たす実数 $\lambda$, $\mu$ が存在することを示せばよい．この式を $\lambda$, $\mu$ を未知数とする連立1次方程式の形で書くと

$$\begin{cases} \lambda-2\mu=x \\ 2\lambda+\mu=y \end{cases}$$

となる．これを解くと

$$\lambda=\frac{1}{5}(x+2y),\quad \mu=\frac{1}{5}(-2x+y)$$

となる．これで，$\lambda$, $\mu$ の存在が示されたので $\boldsymbol{a}$, $\boldsymbol{b}$ が $\boldsymbol{R}^2$ の基底であることがわかる．

この例は，基底の選び方は一通りでなく無数にあることを示している．そこで，基底の選び方によってその元の個数は変わらないのかという疑問が生じる．このことに対しては次の定理が成り立つ．

> **定理 8.1**　ベクトル空間 $V$ のどんな基底についても，基底を構成している元の個数は一定である．

**証明**　$\{\boldsymbol{u}_1, \cdots, \boldsymbol{u}_m\}$, $\{\boldsymbol{v}_1, \cdots, \boldsymbol{v}_n\}$ のどちらも $V$ の基底とする．$m<n$ と仮定して矛盾を導く．

$\{\boldsymbol{u}_1, \cdots, \boldsymbol{u}_m\}$ は基底であるから，基底の条件(ii)より

$$\begin{cases} \boldsymbol{v}_1=c_{11}\boldsymbol{u}_1+c_{12}\boldsymbol{u}_2+\cdots+c_{1m}\boldsymbol{u}_m \\ \cdots\cdots\cdots\cdots\cdots\cdots\cdots\cdots\cdots \\ \boldsymbol{v}_i=c_{i1}\boldsymbol{u}_1+c_{i2}\boldsymbol{u}_2+\cdots+c_{im}\boldsymbol{u}_m \\ \cdots\cdots\cdots\cdots\cdots\cdots\cdots\cdots\cdots \\ \boldsymbol{v}_n=c_{n1}\boldsymbol{u}_1+c_{n2}\boldsymbol{u}_2+\cdots+c_{nm}\boldsymbol{u}_m \end{cases} \qquad ①$$

と書くことができる．ここで，

$$\lambda_1\boldsymbol{v}_1+\lambda_2\boldsymbol{v}_2+\cdots+\lambda_n\boldsymbol{v}_n=\boldsymbol{0} \qquad ②$$

とする．①を②に代入して，整理すると

$$(c_{11}\lambda_1+\cdots+c_{i1}\lambda_i+\cdots+c_{n1}\lambda_n)\boldsymbol{u}_1+\cdots+(c_{1i}\lambda_1+\cdots+c_{ii}\lambda_i+\cdots+c_{n1}\lambda_n)\boldsymbol{u}_i$$
$$+(c_{1m}\lambda_1+\cdots+c_{im}\lambda_i+\cdots+c_{nm}\lambda_n)\boldsymbol{u}_m=\boldsymbol{0}$$

となる．$\{\boldsymbol{u}_1, \cdots, \boldsymbol{u}_m\}$ は 1 次独立であるから(基底の条件(i))

$$\begin{cases} c_{11}\lambda_1 + c_{21}\lambda_2 + \cdots + c_{n1}\lambda_n = 0 \\ \cdots\cdots\cdots\cdots\cdots\cdots\cdots\cdots \\ c_{1m}\lambda_1 + c_{2m}\lambda_2 + \cdots + c_{nm}\lambda_n = 0 \end{cases} \quad ③$$

を得る．ここで，③を $\lambda_1$, $\lambda_2$, $\cdots$, $\lambda_n$ を未知数とする同次方程式とみなす．③の係数行列を $A$ とおくと，$m<n$ より，$\operatorname{rank} A < n$．よって，③は系3.2より，自明でない解を持つことになる．これは，$\boldsymbol{v}_1$, $\cdots$, $\boldsymbol{v}_n$ が1次独立であることと矛盾する．よって，$m \geqq n$．

一方，逆の見方をとり，それぞれの役割を交換すれば $m \leqq n$．したがって，$m=n$．これで証明は完了した．

**定義 8.2**

ベクトル空間 $V$ において，$V$ の基底を構成するベクトルの個数が $n$ のとき，$V$ は $\boldsymbol{n}$ **次元**であるといい，$\dim V = n$ と書く．なお，dim は dimension の略である．

$V=\{\boldsymbol{0}\}$ のときは，1次独立なベクトルが0個なので $V$ は0次元である．この場合を含めて $\dim V = n < \infty$ のとき $V$ は**有限次元**であるという．

これに対して，どんな大きな自然数 $n$ に対しても，$V$ の中に $n$ 個の1次独立なベクトルが存在するとき，$V$ は**無限次元**であるといい，$\dim V = \infty$ と書く．

例えば，$\dim \boldsymbol{R}^3 = 3$ である．実係数多項式全体の作るベクトル空間を $\boldsymbol{P}$ で表すと，基底として

$$1,\ x,\ x^2,\ \cdots,\ x^n,\ \cdots$$

がとれるから $\dim \boldsymbol{P} = \infty$ である．

**例題 8.2**　$\boldsymbol{R}^3$ の部分空間 $W = \left\{ \begin{bmatrix} x \\ y \\ z \end{bmatrix} \middle|\ x+y+z=0 \right\}$ の基底と次元を求めよ．

**解**　最初に1次方程式 $x+y+z=0$ を解くことを考える．$z=-x-y$ より，$x=c_1$，$y=c_2$（$c_1$，$c_2$ は任意定数）とおくと，$z=-c_1-c_2$．よって，

$$\begin{bmatrix} x \\ y \\ z \end{bmatrix} = \begin{bmatrix} c_1 \\ c_2 \\ -c_1-c_2 \end{bmatrix} = c_1\begin{bmatrix} 1 \\ 0 \\ -1 \end{bmatrix} + c_2\begin{bmatrix} 0 \\ 1 \\ -1 \end{bmatrix}.$$

したがって，$W$ の任意の元 $\begin{bmatrix} x \\ y \\ z \end{bmatrix}$ は $\begin{bmatrix} 1 \\ 0 \\ -1 \end{bmatrix}$ と $\begin{bmatrix} 0 \\ 1 \\ -1 \end{bmatrix}$ の1次結合で表される．さらに，この2つのベクトルは1次独立である．よって

$W$ の基底は $\begin{bmatrix} 1 \\ 0 \\ -1 \end{bmatrix}$，$\begin{bmatrix} 0 \\ 1 \\ -1 \end{bmatrix}$ で，$\dim W=2$ である．

**問 8.1**　$\boldsymbol{R}^3$ の部分空間 $W=\left\{\begin{bmatrix} x \\ y \\ z \end{bmatrix} \in \boldsymbol{R}^3 \mid x=y\right\}$ の基底と次元を求めよ．

ベクトル空間 $V$ の次元がわかっているとき，$V$ の部分集合 $B$ が基底をなすかどうかを調べるのには，次の定理が有用である．

**定理 8.2**　ベクトル空間 $V$ の $m$ 個のベクトル $B=\{\boldsymbol{u}_1, \cdots, \boldsymbol{u}_m\}$ について，次は同値である．

(1) $B$ は $V$ の基底

(2) $B$ は $V$ において1次独立な最大集合

ここに，最大とは $B$ より大きい個数のベクトルの集合は1次従属となることをいう．

**証明**　(1) ⇒ (2)　$V$ の1次独立な集合を $\{\boldsymbol{v}_1, \cdots, \boldsymbol{v}_n\}$ とし，$n>m$ とする．このとき，定理8.1の証明と全く同様にして，矛盾を導くことができる．よって，$n \leqq m$．したがって，$B$ は1次独立な最大集合である．

(1) ⇐ (2)　$V$ の任意の元が $B$ の元の1次結合で表されることを示せばよい．

$\boldsymbol{v}$ を $V$ の任意の元とする．このとき，仮定により

$$\boldsymbol{u}_1,\ \cdots,\ \boldsymbol{u}_m,\ \boldsymbol{v}$$

は1次従属となる．したがって，

$$c_1\boldsymbol{u}_1+\cdots+c_m\boldsymbol{u}_m+c\boldsymbol{v}=\boldsymbol{0} \qquad ①$$

を満たすような，少なくとも0でないスカラーがとれる．ここで，$c=0$ とすると

$$c_1\boldsymbol{u}_1+\cdots+c_m\boldsymbol{u}_m=\boldsymbol{0}$$

となる．このとき，$\boldsymbol{u}_1, \cdots, \boldsymbol{u}_m$ は1次独立であるから $c_1=\cdots=c_m=0$ となる．そうすると，①の係数はすべて0となり，$\boldsymbol{u}_1, \cdots, \boldsymbol{u}_m, \boldsymbol{v}$ が1次従属という仮定に反する．よって，$c\neq 0$ である．したがって，①より，

$$\boldsymbol{v}=-\frac{c_1}{c}\boldsymbol{u}_1-\cdots-\frac{c_m}{c}\boldsymbol{u}_m$$

となる．これは，$V$ の任意の元 $\boldsymbol{v}$ が $\boldsymbol{u}_1, \cdots, \boldsymbol{u}_m$ の1次結合で表されることを示している．よって，証明は完了した．

**例題8.3**　$\boldsymbol{R}^3$ において $\boldsymbol{a}_1=\begin{bmatrix}1\\1\\1\end{bmatrix}$, $\boldsymbol{a}_2=\begin{bmatrix}1\\0\\2\end{bmatrix}$, $\boldsymbol{a}_3=\begin{bmatrix}0\\1\\1\end{bmatrix}$ が基底となるかどうかを調べよ．

**解**　$\dim \boldsymbol{R}^3=3$ であるから，定理8.2より，$\boldsymbol{a}_1, \boldsymbol{a}_2, \boldsymbol{a}_3$ が1次独立であるかどうかを調べればよい．ところで，

$$\begin{vmatrix}1&1&0\\1&0&1\\1&2&1\end{vmatrix}=-2\neq 0$$

であるから，$\boldsymbol{a}_1, \boldsymbol{a}_2, \boldsymbol{a}_3$ は1次独立．したがって，基底である．

## 8.2　ベクトル空間と座標

平面上の点は $(a_1,\ a_2)$ のように表現される．これは平面上の点の座標と呼ばれている．座標はいろいろな面で便利である．ここでは，一般のベクトル空間の座標系について学ぶ．

**定理 8.3**　$\{\boldsymbol{v}_1,\ \boldsymbol{v}_2,\ \cdots,\ \boldsymbol{v}_n\}$ がベクトル空間 $V$ の基底ならば，$V$ の任意の元はその 1 次結合として一意的に表される．

**証明**　$V$ の任意の元 $\boldsymbol{v}$ が次のように 2 通りに表されたとしよう．

$$\boldsymbol{v}=\lambda_1\boldsymbol{v}_1+\cdots+\lambda_n\boldsymbol{v}_n=\mu_1\boldsymbol{v}_1+\cdots+\mu_n\boldsymbol{v}_n.$$

このとき，

$$(\lambda_1-\mu_1)\boldsymbol{v}_1+\cdots+(\lambda_n-\mu_n)\boldsymbol{v}_n=0$$

となる．$\boldsymbol{v}_1,\ \boldsymbol{v}_2,\ \cdots,\ \boldsymbol{v}_n$ は 1 次独立であるから，

$$\lambda_1=\mu_1,\ \cdots,\ \lambda_n=\mu_n$$

でなくてはならない．よって，一意性が示された．

上記の定理より，$\{\boldsymbol{v}_1,\ \boldsymbol{v}_2,\ \cdots,\ \boldsymbol{v}_n\}$ を $V$ の 1 組の基底とすると，任意のベクトル $\boldsymbol{u}\in V$ は

$$\boldsymbol{u}=x_1\boldsymbol{v}_1+\cdots+x_n\boldsymbol{v}_n$$

と一意的に表される．

このとき，基底 $\{\boldsymbol{v}_1,\ \boldsymbol{v}_2,\ \cdots,\ \boldsymbol{v}_n\}$ を $V$ の座標軸とみなし，$x_i$ をこの基底に関する $\boldsymbol{i}$ **座標**という．

$V$ と $\boldsymbol{R}^n$ の対応：

$$V\ni x_1\boldsymbol{v}_1+\cdots+x_n\boldsymbol{v}_n\longleftrightarrow\begin{bmatrix}x_1\\ \vdots\\ x_n\end{bmatrix}\in\boldsymbol{R}^n$$

によって $V$ と $\boldsymbol{R}^n$ のベクトル間に 1 対 1 対応がつく．この対応のもとで，$V\cong\boldsymbol{R}^n$ であることがわかる．このことを定理の形で書けば次のようになる．

**定理 8.4**　$V$ を $n$ 個の基底を持つ任意のベクトル空間とする．このとき，$V \cong \boldsymbol{R}^n$ である．

**例題 8.4**　$\boldsymbol{R}^3$ の基底 $\boldsymbol{a}_1=\begin{bmatrix}1\\1\\1\end{bmatrix}$, $\boldsymbol{a}_2=\begin{bmatrix}1\\0\\2\end{bmatrix}$, $\boldsymbol{a}_3=\begin{bmatrix}0\\1\\1\end{bmatrix}$ に関するベクトル $\boldsymbol{a}=\begin{bmatrix}3\\3\\5\end{bmatrix}$ の座標を求めよ．

**解**　$\boldsymbol{a}=x_1\boldsymbol{a}_1+x_2\boldsymbol{a}_2+x_3\boldsymbol{a}_3$ とおくと，

$$\begin{bmatrix}3\\3\\5\end{bmatrix}=x_1\begin{bmatrix}1\\1\\1\end{bmatrix}+x_2\begin{bmatrix}1\\0\\2\end{bmatrix}+x_3\begin{bmatrix}0\\1\\1\end{bmatrix}$$

となる．この式から $x_1$, $x_2$, $x_3$ を求めると $x_1=2$, $x_2=1$, $x_3=1$．よって，$\boldsymbol{a}$ の座標は ${}^t[2\ 1\ 1]$．

**問 8.2**　$\boldsymbol{R}^3$ の基底 $\boldsymbol{a}_1=\begin{bmatrix}1\\0\\1\end{bmatrix}$, $\boldsymbol{a}_2=\begin{bmatrix}2\\1\\-1\end{bmatrix}$, $\boldsymbol{a}_3=\begin{bmatrix}1\\-1\\1\end{bmatrix}$ に関するベクトル $\boldsymbol{a}=\begin{bmatrix}1\\3\\1\end{bmatrix}$ の座標を求めよ．

## 8.3 基底と生成系

ベクトル空間のベクトル $\boldsymbol{a}_1$, $\boldsymbol{a}_2$, $\cdots$, $\boldsymbol{a}_m$ の1次結合全体の集合

$$\{s_1\boldsymbol{a}_1+\cdots+s_m\boldsymbol{a}_m \mid s_1,\ \cdots,\ s_m \text{はスカラー}\}$$

は，$V$ の部分空間になる．これを $\mathrm{span}[\boldsymbol{a}_1,\boldsymbol{a}_2,\cdots,\boldsymbol{a}_m]$ で表し，$\boldsymbol{a}_1,\boldsymbol{a}_2,\cdots,\boldsymbol{a}_m$ によって**生成される部分空間**といい，$\boldsymbol{a}_1,\boldsymbol{a}_2,\cdots,\boldsymbol{a}_m$ をその**生成元**という．ま

た，集合 $\{\boldsymbol{a}_1, \boldsymbol{a}_2, \cdots, \boldsymbol{a}_m\}$ をその部分空間の**生成系**という．

特に，$V = \mathrm{span}[\boldsymbol{a}_1, \boldsymbol{a}_2, \cdots, \boldsymbol{a}_m]$ のとき，すなわち，$V$ の任意の元が $\boldsymbol{a}_1, \boldsymbol{a}_2, \cdots, \boldsymbol{a}_m$ の1次結合で表されるとき，$\{\boldsymbol{a}_1, \boldsymbol{a}_2, \cdots, \boldsymbol{a}_m\}$ を**ベクトル空間 V の生成系**という．

例えば，$\boldsymbol{R}^2$ において $\boldsymbol{e}_1 = \begin{bmatrix} 1 \\ 0 \end{bmatrix}$，$\boldsymbol{e}_2 = \begin{bmatrix} 0 \\ 1 \end{bmatrix}$，$\boldsymbol{a} = \begin{bmatrix} 1 \\ 2 \end{bmatrix}$ は $\boldsymbol{R}^2$ の生成系である．なぜなら，$\boldsymbol{R}^2$ の任意の元を $\boldsymbol{x} = \begin{bmatrix} x_1 \\ x_2 \end{bmatrix}$ とすると

$$\boldsymbol{x} = x_1\boldsymbol{e}_1 + x_2\boldsymbol{e}_2 + 0 \cdot \boldsymbol{a}$$

と表されるからである．しかし，$\{\boldsymbol{e}_1, \boldsymbol{e}_2, \boldsymbol{a}\}$ は基底でない．というのは，$\boldsymbol{e}_1, \boldsymbol{e}_2, \boldsymbol{a}$ は1次独立でないからである．

基底と生成系の関係については次の定理が成り立つ（証明は各自挑戦されたい）．

**定理 8.5**　$S$ はベクトル空間 $V$ の基底 $\Leftrightarrow$ $S$ は最小な $V$ の生成系．ここに，最小とは $S$ より小さい個数のベクトルの集合では $V$ を生成できないことをいう．

**例題 8.5**　次の集合 $S$ が $\boldsymbol{R}^3$ の生成系となるように，定数 $p$ の条件を定めよ．

$$S = \left\{ \begin{bmatrix} 1 \\ 1 \\ 0 \end{bmatrix}, \begin{bmatrix} 0 \\ 1 \\ 1 \end{bmatrix}, \begin{bmatrix} 1 \\ 2 \\ 1 \end{bmatrix}, \begin{bmatrix} 0 \\ p \\ 1 \end{bmatrix} \right\}$$

**解**　$\boldsymbol{R}^3$ は3次元ベクトル空間であるから，生成系になるためには，3個の1次独立なベクトルが存在しなくてはならない．

$$\boldsymbol{a}_1 = \begin{bmatrix} 1 \\ 1 \\ 0 \end{bmatrix}, \quad \boldsymbol{a}_2 = \begin{bmatrix} 0 \\ 1 \\ 1 \end{bmatrix}, \quad \boldsymbol{a}_3 = \begin{bmatrix} 1 \\ 2 \\ 1 \end{bmatrix}, \quad \boldsymbol{a}_4 = \begin{bmatrix} 0 \\ p \\ 1 \end{bmatrix}$$

とおく．$\boldsymbol{a}_3 = \boldsymbol{a}_1 + \boldsymbol{a}_2$ であるから，$\{\boldsymbol{a}_1, \boldsymbol{a}_2, \boldsymbol{a}_3\}$ は1次独立でない．よって，

$$\{\boldsymbol{a}_1,\ \boldsymbol{a}_2,\ \boldsymbol{a}_4\}\ \{\boldsymbol{a}_1,\ \boldsymbol{a}_3,\ \boldsymbol{a}_4\}\ \{\boldsymbol{a}_2,\ \boldsymbol{a}_3,\ \boldsymbol{a}_4\}$$

が 1 次独立となるように $p$ を定めればよい．ところで，$|\boldsymbol{a}_1\ \boldsymbol{a}_2\ \boldsymbol{a}_4| = 1-p$，$|\boldsymbol{a}_1\ \boldsymbol{a}_3\ \boldsymbol{a}_4| = 1-p$，$|\boldsymbol{a}_2\ \boldsymbol{a}_3\ \boldsymbol{a}_4| = p-1$ であるから，求める条件は $p \neq 1$ である．

## 8.4　正規直交系

ここでは，ベクトル空間 $\boldsymbol{R}^n$ に限定して話を進める．前節の 7.1 で，ベクトル $\boldsymbol{a} = {}^t[a_1,\ \cdots,\ a_n]$，$\boldsymbol{b} = {}^t[b_1,\ \cdots,\ b_n]$ の内積を

$$\boldsymbol{a}\cdot\boldsymbol{b} = a_1b_1 + \cdots + a_nb_n$$

定義し，$\boldsymbol{a}\cdot\boldsymbol{b} = 0$ のとき $\boldsymbol{a}$ と $\boldsymbol{b}$ は直交するといい，$\boldsymbol{a} \perp \boldsymbol{b}$ で表した．

$\boldsymbol{R}^3$ において $\boldsymbol{e}_1 = \begin{bmatrix}1\\0\\0\end{bmatrix}$，$\boldsymbol{e}_2 = \begin{bmatrix}0\\1\\0\end{bmatrix}$，$\boldsymbol{e}_3 = \begin{bmatrix}0\\0\\1\end{bmatrix}$ の内積は

$$\boldsymbol{e}_1\cdot\boldsymbol{e}_2 = 0,\quad \boldsymbol{e}_2\cdot\boldsymbol{e}_3 = 0,\quad \boldsymbol{e}_3\cdot\boldsymbol{e}_1 = 0$$

であるから，互いに直交している．

$\boldsymbol{R}^n$ のベクトル $\boldsymbol{u}_1$，$\boldsymbol{u}_2$，$\cdots$，$\boldsymbol{u}_r$ が互いに直交し，それぞれのベクトルの大きさが 1 であるとき，これらのベクトルは**正規直交系**であるという．正規直交系 $\boldsymbol{u}_1$，$\boldsymbol{u}_2$，$\cdots$，$\boldsymbol{u}_n$ が $\boldsymbol{R}^n$ の基底をつくるとき，**正規直交基底**という．

例えば，$\boldsymbol{R}^3$ において上記で述べた $\boldsymbol{e}_1$，$\boldsymbol{e}_2$，$\boldsymbol{e}_3$ は正規直交基底である．

ここで，$\boldsymbol{R}^n$ の 1 次独立な $r$ 個のベクトル $\boldsymbol{a}_1$，$\boldsymbol{a}_2$，$\cdots$，$\boldsymbol{a}_r$ から正規直交系 $\boldsymbol{u}_1$，$\boldsymbol{u}_2$，$\cdots$，$\boldsymbol{u}_r$ を作ることを考えてみよう．まず，$\boldsymbol{R}^3$ の場合で考えてみる．

$\boldsymbol{a}_1$，$\boldsymbol{a}_2$，$\boldsymbol{a}_3$ を $\boldsymbol{R}^3$ の 1 次独立なベクトルとし $\boldsymbol{u}_1$，$\boldsymbol{u}_2$，$\boldsymbol{u}_3$ を求める正規直交系(正規直交基底にもなっている)とする．

**Step 1.** 単位ベクトルを作る．

$\boldsymbol{b}_1=\boldsymbol{a}_1$ とおく．このとき，$\boldsymbol{u}_1=\dfrac{\boldsymbol{b}_1}{|\boldsymbol{b}_1|}$ は単位ベクトルである．

**Step 2.**　$\boldsymbol{b}_2=\boldsymbol{a}_2-(\boldsymbol{a}_2\cdot\boldsymbol{u}_1)\boldsymbol{u}_1$ を作る (図 8.1 参照).

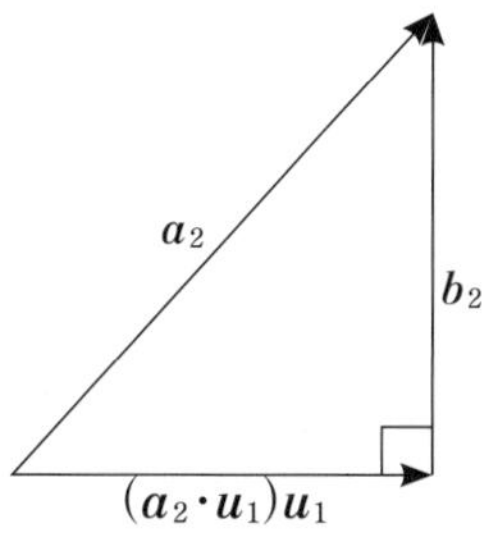


図 8.1

このとき，$\boldsymbol{b}_2\perp\boldsymbol{u}_1$ である．実際，

$$\begin{aligned}\boldsymbol{b}_2\cdot\boldsymbol{u}_1&=(\boldsymbol{a}_2-(\boldsymbol{a}_2\cdot\boldsymbol{u}_1)\boldsymbol{u}_1)\cdot\boldsymbol{u}_1\\&=\boldsymbol{a}_2\cdot\boldsymbol{u}_1-(\boldsymbol{a}_2\cdot\boldsymbol{u}_1)(\boldsymbol{u}_1\cdot\boldsymbol{u}_1)\\&=\boldsymbol{a}_2\cdot\boldsymbol{u}_1-(\boldsymbol{a}_2\cdot\boldsymbol{u}_1)|\boldsymbol{u}_1|^2=0.\qquad(|\boldsymbol{u}_1|=1\text{ より})\end{aligned}$$

次に，$\boldsymbol{b}_2$ から $\boldsymbol{b}_2$ と同じ向きをもつ単位ベクトルを作る．そこで，

$$\boldsymbol{u}_2=\frac{\boldsymbol{b}_2}{|\boldsymbol{b}_2|}$$

とすると，$\boldsymbol{u}_1\perp\boldsymbol{u}_2$，$|\boldsymbol{u}_2|=1$ である．

**Step 3.**　$\boldsymbol{b}_3=\boldsymbol{a}_3-(\boldsymbol{a}_3\cdot\boldsymbol{u}_1)\boldsymbol{u}_1-(\boldsymbol{a}_3\cdot\boldsymbol{u}_2)\boldsymbol{u}_2$ を作る．このとき，$\boldsymbol{b}_2\perp\boldsymbol{u}_2$ である．

ここで，$\boldsymbol{u}_3=\dfrac{\boldsymbol{b}_3}{|\boldsymbol{b}_3|}$ とすると，$\boldsymbol{u}_3\perp\boldsymbol{u}_2$，$\boldsymbol{u}_3\perp\boldsymbol{u}_1$，$|\boldsymbol{u}_3|=1$ である．これで，正規直交系 $\{\boldsymbol{u}_1,\ \boldsymbol{u}_2,\ \boldsymbol{u}_3\}$ が得られた．

このようにして，一般に，$r$ 個の 1 次独立なベクトルから，$r$ 個の正規直交系を作ることを**グラム・シュミットの正規直交化法**という．

一般の場合も同様に作ればよい．$r$ 個の1次独立なベクトル $\boldsymbol{a}_1$, $\boldsymbol{a}_2$, $\cdots$, $\boldsymbol{a}_r$ を正規直交化した $\boldsymbol{u}_1$, $\boldsymbol{u}_2$, $\cdots$, $\boldsymbol{u}_r$ は次のようになる．

$$\boldsymbol{b}_1=\boldsymbol{a}_1,\quad \boldsymbol{u}_1=\frac{\boldsymbol{b}_1}{|\boldsymbol{b}_1|}$$

$$\boldsymbol{b}_2=\boldsymbol{a}_2-(\boldsymbol{a}_2\cdot\boldsymbol{u}_1)\boldsymbol{u}_1,\quad \boldsymbol{u}_2=\frac{\boldsymbol{b}_2}{|\boldsymbol{b}_2|}$$

$$\cdots\cdots\cdots\cdots\cdots\cdots\cdots\cdots\cdots$$

$$\boldsymbol{b}_j=\boldsymbol{a}_j-(\boldsymbol{a}_j\cdot\boldsymbol{u}_1)\boldsymbol{u}_1-(\boldsymbol{a}_j\cdot\boldsymbol{u}_2)\boldsymbol{u}_2-\cdots-(\boldsymbol{a}_j\cdot\boldsymbol{u}_{j-1})\boldsymbol{u}_{j-1},$$

$$\boldsymbol{u}_j=\frac{\boldsymbol{b}_j}{|\boldsymbol{b}_j|}\quad (j=1,2,\cdots,r)$$

**例題 8.6**　グラム・シュミットの正規直交化法を用いて，次のベクトルから正規直交基底 $\{\boldsymbol{u}_1,\ \boldsymbol{u}_2,\ \boldsymbol{u}_3\}$ を作れ．

$$\boldsymbol{a}_1=\begin{bmatrix}1\\1\\1\end{bmatrix},\quad \boldsymbol{a}_2=\begin{bmatrix}1\\2\\3\end{bmatrix},\quad \boldsymbol{a}_3=\begin{bmatrix}2\\1\\3\end{bmatrix}$$

**解**　$\boldsymbol{b}_1=\boldsymbol{a}_1$ とおく．このとき，$\boldsymbol{u}_1=\dfrac{\boldsymbol{b}_1}{|\boldsymbol{b}_1|}$．ところで，$|\boldsymbol{b}_1|=|\boldsymbol{a}_1|=\sqrt{1^2+1^2+1^2}=\sqrt{3}$ であるから，$\boldsymbol{u}_1=\dfrac{1}{\sqrt{3}}\begin{bmatrix}1\\1\\1\end{bmatrix}$．次に最初に $\boldsymbol{b}_2$ を求める．

$\boldsymbol{b}_2=\boldsymbol{a}_2-(\boldsymbol{a}_2\cdot\boldsymbol{u}_1)\boldsymbol{u}_1$，ところで，

$$\boldsymbol{a}_2\cdot\boldsymbol{u}_1=1\times\frac{1}{\sqrt{3}}+2\times\frac{1}{\sqrt{3}}+3\times\frac{1}{\sqrt{3}}=2\sqrt{3}$$

であるから，

$$\boldsymbol{b}_2=\boldsymbol{a}_2-(\boldsymbol{a}_2\cdot\boldsymbol{u}_1)\boldsymbol{u}_1=\begin{bmatrix}1\\2\\3\end{bmatrix}-2\sqrt{3}\,\frac{1}{\sqrt{3}}\begin{bmatrix}1\\1\\1\end{bmatrix}=\begin{bmatrix}-1\\0\\1\end{bmatrix}.$$

よって，$\boldsymbol{u}_2=\dfrac{\boldsymbol{b}_2}{|\boldsymbol{b}_2|}=\dfrac{1}{\sqrt{2}}\begin{bmatrix}-1\\0\\1\end{bmatrix}$．

$\boldsymbol{b}_3 = \boldsymbol{a}_3 - (\boldsymbol{a}_3 \cdot \boldsymbol{u}_1)\boldsymbol{u}_1 - (\boldsymbol{a}_3 \cdot \boldsymbol{u}_2)\boldsymbol{u}_2$．ここで，

$$\boldsymbol{a}_3 \cdot \boldsymbol{u}_1 = 2\sqrt{3}, \quad \boldsymbol{a}_3 \cdot \boldsymbol{u}_2 = \frac{1}{\sqrt{2}}$$

であるから，

$$\boldsymbol{b}_3 = \begin{bmatrix} 2 \\ 1 \\ 3 \end{bmatrix} - 2\sqrt{3}\,\frac{1}{\sqrt{3}}\begin{bmatrix} 1 \\ 1 \\ 1 \end{bmatrix} - \frac{1}{\sqrt{2}}\,\frac{1}{\sqrt{2}}\begin{bmatrix} -1 \\ 0 \\ 1 \end{bmatrix}.$$

したがって，

$$\boldsymbol{u}_3 = \frac{\boldsymbol{b}_3}{|\boldsymbol{b}_3|} = \frac{1}{\sqrt{6}}\begin{bmatrix} 1 \\ -2 \\ 1 \end{bmatrix}.$$

**問 8.3**　グラム・シュミットの正規直交化法により，次のベクトルから正規直交基底 $\{\boldsymbol{u}_1, \boldsymbol{u}_2, \boldsymbol{u}_3\}$ を作れ．

$$\boldsymbol{a}_1 = \begin{bmatrix} 1 \\ 1 \\ 0 \end{bmatrix}, \quad \boldsymbol{a}_2 = \begin{bmatrix} 1 \\ 0 \\ 1 \end{bmatrix}, \quad \boldsymbol{a}_3 = \begin{bmatrix} 0 \\ 1 \\ 1 \end{bmatrix}$$

## 演習問題 8

1.　$\boldsymbol{R}^4$ の部分空間 $W = \left\{ \begin{bmatrix} x \\ y \\ z \\ w \end{bmatrix} \middle|\ x - z = 0,\ y + w = 0 \right\}$ の基底と次元を求めよ．

2.　$\left\{ \begin{bmatrix} a \\ 1 \\ 1 \end{bmatrix}, \begin{bmatrix} 0 \\ a \\ 2 \end{bmatrix}, \begin{bmatrix} a \\ 1 \\ 2 \end{bmatrix} \right\}$ が $\boldsymbol{R}^3$ の基底となるように定数 $a$ の値を定めよ．

3.　$\boldsymbol{P}_3$ において，次のベクトルは生成系になるかどうかを調べよ．

$$f_1 = 1 + x, \quad f_2 = 1 + x^2, \quad f_3 = 1 + x^3, \quad f_4 = x + x^2 + x^3$$

4.　$W_1$, $W_2$ を有限次元のベクトル空間 $V$ の部分空間とする．このとき「$\dim(W_1+W_2)=\dim W_1+\dim W_2-\dim(W_1\cap W_2)$」が成り立つ．この等式は**次元定理**と呼ばれている．この定理を必要に応じて用い，下の問に答えよ．

$W_1=\left\{\begin{bmatrix}x\\y\\z\end{bmatrix}\middle|\ x=y\right\}$, $W_2=\left\{\begin{bmatrix}x\\y\\z\end{bmatrix}\middle|\ x+y+z=0\right\}$ を $\boldsymbol{R}^3$ の部分空間とする．

(1) $W_1\cap W_2$ の基底と次元を求めよ．

(2) $\dim(W_1+W_2)$ を求めよ．

5.　$\boldsymbol{R}^3$ のベクトル ${}^t[1\ 1\ 2]$, ${}^t[0\ 0\ 1]$, ${}^t[2\ 1\ 1]$ から，正規直交基底を作れ．

答は巻末（演習問題解答）を参照

## 問の解答

**問 8.1**　基底 ${}^t[1\ 1\ 0]$, ${}^t[0\ 0\ 1]$．$\dim W=2$．

**問 8.2**　$\boldsymbol{a}$ の座標は ${}^t[4,\ 0,\ -3]$

**問 8.3**　$\boldsymbol{u}_1=\dfrac{1}{\sqrt{2}}\,{}^t[1\ 1\ 0]$,　$\boldsymbol{u}_2=\dfrac{1}{\sqrt{6}}\,{}^t[1\ -1\ 2]$,

$\boldsymbol{u}_3=\dfrac{1}{\sqrt{3}}\,{}^t[-1\ 1\ 1]$.

# 第4章 線形写像と固有値問題

## §9 線形写像

### 9.1 線形写像

今まで，写像という言葉を使ってきたが，念のため，ここで写像の定義をおさらいしておこう．

**定義 9.1**

集合 $X$ の各元に対して集合 $Y$ の元がただ1つ定まるとき，その対応 $f$ を $X$ **から** $Y$ **への写像**といい

$$f : X \to Y$$

で表す．$f$ によって $x \in X$ が $y \in Y$ に対応しているとき $y = f(x)$ と書き，$y$ を $f$ による $\boldsymbol{x}$ **の像**という．

$A \subset X$ のとき，$f(A) = \{f(a) \mid a \in A\}$ を $f$ による $A$ の**像**という．

例えば，行列 $A = \begin{bmatrix} 1 & 0 \\ 0 & -1 \end{bmatrix}$ を考えてみよう．

$\boldsymbol{x}=\begin{bmatrix}1\\2\end{bmatrix}\in\boldsymbol{R}^2$ に対して

$$Ax=\begin{bmatrix}1&0\\0&-1\end{bmatrix}\begin{bmatrix}1\\2\end{bmatrix}=\begin{bmatrix}1\\-2\end{bmatrix}$$

となる．このことを

$$A:\begin{bmatrix}1\\2\end{bmatrix}\longrightarrow\begin{bmatrix}1\\-2\end{bmatrix}$$

という対応として捉えると，行列 $A$ は $\boldsymbol{R}^2$ から $\boldsymbol{R}^2$ への1つの写像になっている．

$x_1,\ x_2\in X$ に対して

$$f(x_1)=f(x_2)\ \text{ならば}\ x_1=x_2$$

が成り立つとき，$f$ は**1対1写像**(または**単射**)という．また，

$$f(X)=Y$$

のとき, $f$ を**上への写像**(または**全射**)といい，　上への1対1写像を**全単射**という．

写像 $f:X\longrightarrow Y$ が全単射のとき, $y\in Y$ に，$y=f(x)$ となるような $X$ のただ1つの元 $x$ を対応させる写像を $f$ の**逆写像**といい,

$$f^{-1}:Y\longrightarrow X$$

で表す．

例えば，上記の $A=\begin{bmatrix}1&0\\0&-1\end{bmatrix}$ は, 1対1写像であり，上への写像でもある．また, $A$ の逆写像は逆行列 $A^{-1}$ で定まる $\boldsymbol{R}^2$ から $\boldsymbol{R}^2$ への写像である．

次に線形写像の定義を与えよう．

**定義 9.2**

$K$ は $\boldsymbol{R}$ または $\boldsymbol{C}$ であるとし，$V$，$W$ を $K$ 上のベクトル空間とする．写像 $f:V \longrightarrow W$ が次の 2 つの条件

（i）$f(\boldsymbol{a}+\boldsymbol{b})=f(\boldsymbol{a})+f(\boldsymbol{b})$　$(\boldsymbol{a},\boldsymbol{b}\in V)$

（ii）$f(\lambda\boldsymbol{a})=\lambda f(\boldsymbol{a})$　$(\boldsymbol{a}\in V,\ \lambda\in K)$

を満たすとき，$f$ を $V$ から $W$ への**線形写像**という．

条件(1)と(2)は，次の 1 つの条件にまとめることができる．

（iii）$f(\lambda\boldsymbol{a}+\mu\boldsymbol{b})=\lambda f(\boldsymbol{a})+\mu f(\boldsymbol{b})$ $(\boldsymbol{a},\boldsymbol{b}\in V,\ \lambda,\mu\in K)$

例えば，上記の行列 $A=\begin{bmatrix}1 & 0\\ 0 & -1\end{bmatrix}$ は $\boldsymbol{R}^2$ から $\boldsymbol{R}^2$ への線形写像になっている．

実際，$f(\boldsymbol{u})=A\boldsymbol{u}$ $(\boldsymbol{u}\in\boldsymbol{R}^2)$ とおくと

$$f(\boldsymbol{u}+\boldsymbol{v})=A(\boldsymbol{u}+\boldsymbol{v})=A\boldsymbol{u}+A\boldsymbol{v}=f(\boldsymbol{u})+f(\boldsymbol{v})\quad(\boldsymbol{u},\boldsymbol{v}\in\boldsymbol{R}^2)$$

$$f(\lambda\boldsymbol{u})=A(\lambda\boldsymbol{u})=\lambda A\boldsymbol{u}=\lambda f(\boldsymbol{u})\ (\boldsymbol{u}\in\boldsymbol{R}^2,\ \lambda\in\boldsymbol{R})$$

が成り立つからである．

**問 9.1**　$V$，$W$ を $K$ 上のベクトル空間とし，

$$f:V\longrightarrow W$$

を線形写像とする．次のことを示せ．

(1) $f(\boldsymbol{0})=\boldsymbol{0}$　　(2) $f(-\boldsymbol{a})=-f(\boldsymbol{a})$

特に，ベクトル空間 $V$ から $V$ 自身への線形写像を，$V$ の**線形変換**（または**1 次変換**）という．

$V$ の線形変換 $f$ が全単射（上への 1 対 1 写像）であるとき，その逆写像も $V$ の線形変換である．これを，$f$ の**逆変換**という．逆変換をもつ線形変換を**正則変換**という．

**例題 9.1**　次の写像が $\boldsymbol{R}^3$ から $\boldsymbol{R}^2$ への線形写像（線形変換）かどうか調べよ．

(1) $f\left(\begin{bmatrix} x \\ y \\ z \end{bmatrix}\right)=\begin{bmatrix} y-z \\ x+y \end{bmatrix}$,　　　(2) $f\left(\begin{bmatrix} x \\ y \\ z \end{bmatrix}\right)=\begin{bmatrix} x+y \\ xyz \end{bmatrix}$

**解**　定義の条件 (ｉ)，(ⅱ)（あるいは (ⅲ)）が満たされるかどうかを調べればよい．

(1) $\boldsymbol{x}_1=\begin{bmatrix} x_1 \\ y_1 \\ z_1 \end{bmatrix}$,　$\boldsymbol{x}_2=\begin{bmatrix} x_2 \\ y_2 \\ z_2 \end{bmatrix}$,　$\boldsymbol{x}=\begin{bmatrix} x \\ y \\ z \end{bmatrix}\in\boldsymbol{R}^3$ とおく．このとき，

$$f(\boldsymbol{x}_1+\boldsymbol{x}_2)=f\left(\begin{bmatrix} x_1+x_2 \\ y_1+y_2 \\ z_1+z_2 \end{bmatrix}\right)=\begin{bmatrix} y_1+y_2-(z_1+z_2) \\ x_1+x_2+y_1+y_2 \end{bmatrix}.$$

一方，

$$f(\boldsymbol{x}_1)+f(\boldsymbol{x}_2)=f\left(\begin{bmatrix} x_1 \\ y_1 \\ z_1 \end{bmatrix}\right)+f\left(\begin{bmatrix} x_2 \\ y_2 \\ z_2 \end{bmatrix}\right)$$

$$=\begin{bmatrix} y_1-z_1 \\ x_1+y_1 \end{bmatrix}+\begin{bmatrix} y_2-z_2 \\ x_2+y_2 \end{bmatrix}=\begin{bmatrix} y_1+y_2-(z_1+z_2) \\ x_1+x_2+y_1+y_2 \end{bmatrix}.$$

よって，

$$f(\boldsymbol{x}_1+\boldsymbol{x}_2)=f(\boldsymbol{x}_1)+f(\boldsymbol{x}_2).$$

次に，$\lambda\in\boldsymbol{R}$ とする．このとき

$$f(\lambda\boldsymbol{x})=f\left(\begin{bmatrix} \lambda x \\ \lambda y \\ \lambda z \end{bmatrix}\right)=\begin{bmatrix} \lambda y-\lambda z \\ \lambda x+\lambda y \end{bmatrix}=\lambda\begin{bmatrix} y-z \\ x+y \end{bmatrix}=\lambda f(\boldsymbol{x}).$$

以上のことから，定義の条件 (ｉ)，(ⅱ) が満たされていることがわかる．よって，線形写像である．

(2) $\boldsymbol{x}_1=\begin{bmatrix} 1 \\ 1 \\ 0 \end{bmatrix}$,　$\boldsymbol{x}_2=\begin{bmatrix} 0 \\ 1 \\ 1 \end{bmatrix}$ とおくと，

$$f(\boldsymbol{x}_1+\boldsymbol{x}_2)=f\left(\begin{bmatrix}1\\2\\1\end{bmatrix}\right)=\begin{bmatrix}3\\2\end{bmatrix}.$$

一方，

$$f(\boldsymbol{x}_1)=f\left(\begin{bmatrix}1\\1\\0\end{bmatrix}\right)=\begin{bmatrix}2\\0\end{bmatrix},\quad f(\boldsymbol{x}_2)=f\left(\begin{bmatrix}0\\1\\1\end{bmatrix}\right)=\begin{bmatrix}1\\0\end{bmatrix}.$$

よって，

$$f(\boldsymbol{x}_1+\boldsymbol{x}_2)\neq f(\boldsymbol{x}_1)+f(\boldsymbol{x}_2).$$

したがって，線形写像でない．

**注**　上記のように，線形写像でないことを示すためには，反例を１つ見つければよい．

**問 9.2**　次の写像は線形写像かどうか調べよ．

(1) $f:\boldsymbol{R}^2\longrightarrow\boldsymbol{R}^2,\quad f\left(\begin{bmatrix}x\\y\end{bmatrix}\right)=\begin{bmatrix}y\\x+y\end{bmatrix}$

(2) $f:\boldsymbol{R}^2\longrightarrow\boldsymbol{R}^2,\quad f\left(\begin{bmatrix}x\\y\end{bmatrix}\right)=\begin{bmatrix}xy\\x\end{bmatrix}$

## 9.2　表現行列

例題 9.1 (1) で，写像 $f\left(\begin{bmatrix}x\\y\\z\end{bmatrix}\right)=\begin{bmatrix}y-z\\x+y\end{bmatrix}$ が線形写像になることを示した．実は，この線形写像は次のように行列で表現することができる．

$$f\left(\begin{bmatrix}x\\y\\z\end{bmatrix}\right)=\begin{bmatrix}y-z\\x+y\end{bmatrix}=x\begin{bmatrix}0\\1\end{bmatrix}+y\begin{bmatrix}1\\1\end{bmatrix}+z\begin{bmatrix}-1\\0\end{bmatrix}$$

$$=\begin{bmatrix}0&1&-1\\1&1&0\end{bmatrix}\begin{bmatrix}x\\y\\z\end{bmatrix}.$$

$\begin{bmatrix} x \\ y \\ z \end{bmatrix}$ は $\boldsymbol{R}^3$ の任意の元であるから $f$ と同一視することができる.

一般には，次の定理が成り立つ.

**定理 9.1**　$\boldsymbol{R}^n$ から $\boldsymbol{R}^m$ への任意の線形写像は，$m \times n$ 行列によって表される線形写像である.

**証明**　$f: \boldsymbol{R}^n \longrightarrow \boldsymbol{R}^m$ を任意の線形写像とする．$\boldsymbol{R}^n$ の標準基底 $\{\boldsymbol{e}_1, \boldsymbol{e}_2, \cdots, \boldsymbol{e}_n\}$ のそれぞれに対する $f$ による像を $\boldsymbol{a}_1 = f(\boldsymbol{e}_1)$，$\boldsymbol{a}_2 = f(\boldsymbol{e}_2)$，$\cdots$，$\boldsymbol{a}_n = f(\boldsymbol{e}_n)$ とし，

$$A_{m \times n} = [\boldsymbol{a}_1 \ \boldsymbol{a}_2 \ \cdots \ \boldsymbol{a}_n]$$

とする．このとき，任意の $\boldsymbol{R}^n$ の元 $\boldsymbol{x} = \begin{bmatrix} x_1 \\ x_2 \\ \vdots \\ x_n \end{bmatrix}$ に対して

$$\begin{aligned} f(\boldsymbol{x}) &= f(x_1\boldsymbol{e}_1 + x_2\boldsymbol{e}_2 + \cdots + x_n\boldsymbol{e}_n) \\ &= x_1 f(\boldsymbol{e}_1) + x_2 f(\boldsymbol{e}_2) + \cdots + x_n f(\boldsymbol{e}_n) \\ &= x_1\boldsymbol{a}_1 + x_2\boldsymbol{a}_2 + \cdots + x_n\boldsymbol{a}_n \\ &= [\boldsymbol{a}_1 \ \boldsymbol{a}_2 \ \cdots \ \boldsymbol{a}_n] \begin{bmatrix} x_1 \\ x_2 \\ \vdots \\ x_n \end{bmatrix} \\ &= A\boldsymbol{x} \end{aligned}$$

が成り立つ．よって，$f$ は行列 $A$ による線形写像である.

上記の行列 $A$ を，線形写像 $f$ の標準基底に関する**表現行列**という.

**問 9.3**　次の線形写像の表現行列を求めよ．

(1)　$f: \boldsymbol{R}^2 \longrightarrow \boldsymbol{R}^2$,　$f\left(\begin{bmatrix} x \\ y \end{bmatrix}\right) = \begin{bmatrix} x+y \\ -x+y \end{bmatrix}$

(2)　$f: \boldsymbol{R}^3 \longrightarrow \boldsymbol{R}^2$,　$f\left(\begin{bmatrix} x \\ y \\ z \end{bmatrix}\right) = \begin{bmatrix} x+2y \\ y-z \end{bmatrix}$

次に，一般的な話に移ろう．

$f$ は $n$ 次元ベクトル空間 $V$ から $m$ 次元ベクトル $W$ への線形写像とする．このとき，$V$，$W$ の基底としてそれぞれ $\{\boldsymbol{v}_1, \cdots, \boldsymbol{v}_n\}$，$\{\boldsymbol{w}_1, \cdots, \boldsymbol{w}_m\}$ を選び固定する．

基底が定まると，定理 8.4 より，対応

$$V \ni \boldsymbol{x} = x_1\boldsymbol{v}_1 + \cdots + x_n\boldsymbol{v}_n \longleftrightarrow \begin{bmatrix} x_1 \\ \vdots \\ x_n \end{bmatrix} \in \boldsymbol{R}^n$$

$$W \ni \boldsymbol{y} = y_1\boldsymbol{w}_1 + \cdots + y_m\boldsymbol{w}_m \longleftrightarrow \begin{bmatrix} y_1 \\ \vdots \\ y_m \end{bmatrix} \in \boldsymbol{R}^m$$

によって，$V \cong \boldsymbol{R}^n$，$W \cong \boldsymbol{R}^m$ となる．

この同型対応により，線形写像 $f: V \to W$ は線形写像 $F: \boldsymbol{R}^n \longrightarrow \boldsymbol{R}^m$ を定める．

$F$ は定理 9.1 により，ある $m \times n$ 行列 $A$ による線形写像である．この行列 $A$ を $f$ の基底 $\{\boldsymbol{v}_1, \cdots, \boldsymbol{v}_n\}$, $\{\boldsymbol{w}_1, \cdots, \boldsymbol{w}_m\}$ に関する**表現行列**という (図 9.1 参照)．

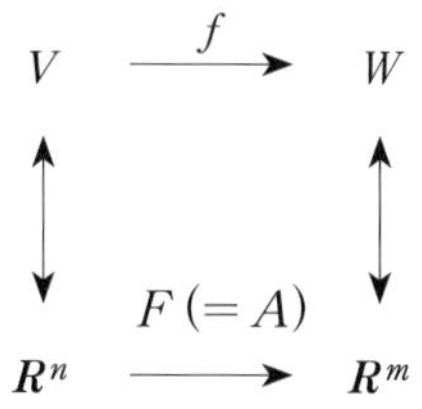


図 9.1

## 9.3 表現行列の求め方

$V$ を 3 次元のベクトル空間とし，$W$ を 2 次元のベクトル空間とする．$V$，$W$ の基底をそれぞれ $\{\boldsymbol{v}_1, \boldsymbol{v}_2, \boldsymbol{v}_3\}$，$\{\boldsymbol{w}_1, \boldsymbol{w}_2\}$ と選び，固定する．

このとき，線形写像 $f: V \to W$ の表現行列を求めてみよう．そこで

$$f(\boldsymbol{v}_1) = a_{11}\boldsymbol{w}_1 + a_{21}\boldsymbol{w}_2$$
$$f(\boldsymbol{v}_2) = a_{12}\boldsymbol{w}_1 + a_{22}\boldsymbol{w}_2$$
$$f(\boldsymbol{v}_3) = a_{13}\boldsymbol{w}_1 + a_{23}\boldsymbol{w}_2$$

となったとする．これは

$$[f(\boldsymbol{v}_1)\ \ f(\boldsymbol{v}_2)\ \ f(\boldsymbol{v}_3)] = [\boldsymbol{w}_1\ \ \boldsymbol{w}_2]\begin{bmatrix} a_{11} & a_{12} & a_{13} \\ a_{21} & a_{22} & a_{23} \end{bmatrix}$$

と書くことができる．このとき，

$$A = \begin{bmatrix} a_{11} & a_{12} & a_{13} \\ a_{21} & a_{22} & a_{23} \end{bmatrix}$$

が求める表現行列である．では，それを示そう．

$\boldsymbol{y} = f(\boldsymbol{x})$ $(\boldsymbol{x} \in V)$ とすると，

$$\begin{aligned} \boldsymbol{y} = f(\boldsymbol{x}) &= f(x_1\boldsymbol{v}_1 + x_2\boldsymbol{v}_2 + x_3\boldsymbol{v}_3) \\ &= x_1 f(\boldsymbol{v}_1) + x_2 f(\boldsymbol{v}_2) + x_3 f(\boldsymbol{v}_3) \\ &= [f(\boldsymbol{v}_1)\ \ f(\boldsymbol{v}_2)\ \ f(\boldsymbol{v}_3)]\begin{bmatrix} x_1 \\ x_2 \\ x_3 \end{bmatrix} \qquad ① \\ &= [\boldsymbol{w}_1\ \ \boldsymbol{w}_2]\begin{bmatrix} a_{11} & a_{12} & a_{13} \\ a_{21} & a_{22} & a_{23} \end{bmatrix}\begin{bmatrix} x_1 \\ x_2 \\ x_3 \end{bmatrix}. \end{aligned}$$

一方，$\boldsymbol{y}$ は $W$ の基底 $\{\boldsymbol{w}_1, \boldsymbol{w}_2\}$ の 1 次結合として

$$\boldsymbol{y} = y_1\boldsymbol{w}_1 + y_2\boldsymbol{w}_2 = [\boldsymbol{w}_1\ \ \boldsymbol{w}_2]\begin{bmatrix} y_1 \\ y_2 \end{bmatrix} \qquad ②$$

と書くことができる．

基底による表示の一意性から，①と②の係数は一致しなくてはならない．よって，

$$\begin{bmatrix} y_1 \\ y_2 \end{bmatrix} = \begin{bmatrix} a_{11} & a_{12} & a_{13} \\ a_{21} & a_{22} & a_{23} \end{bmatrix} \begin{bmatrix} x_1 \\ x_2 \\ x_3 \end{bmatrix}$$

すなわち，

$$\boldsymbol{y} = A\boldsymbol{x}$$

となる．このことは，$A$ が表現行列であることを示している．

一般の場合も全く同様である．

**例題 9.2**　線形写像

$$f : \boldsymbol{R}^3 \longrightarrow \boldsymbol{R}^2, \quad f\left(\begin{bmatrix} x \\ y \\ z \end{bmatrix}\right) = \begin{bmatrix} x-y+z \\ y+z \end{bmatrix}$$

について，次の基底に関する表現行列を求めよ．

(1) $\boldsymbol{R}^3 : \{\boldsymbol{e}_1, \boldsymbol{e}_2, \boldsymbol{e}_3\}$，$\boldsymbol{R}^2 : \{\boldsymbol{e}_1, \boldsymbol{e}_2\}$（両方とも標準基底）

(2) $\boldsymbol{R}^3 : \left\{\begin{bmatrix} 1 \\ 0 \\ 1 \end{bmatrix}, \begin{bmatrix} 0 \\ 1 \\ 1 \end{bmatrix}, \begin{bmatrix} 1 \\ 1 \\ 1 \end{bmatrix}\right\}$，$\boldsymbol{R}^2 : \left\{\begin{bmatrix} 1 \\ 1 \end{bmatrix}, \begin{bmatrix} 1 \\ 2 \end{bmatrix}\right\}$

**解**　(1) $\boldsymbol{e}_1, \boldsymbol{e}_2, \boldsymbol{e}_3$ の $f$ による像を $\boldsymbol{R}^2$ の基底 $\boldsymbol{e}_1, \boldsymbol{e}_2$ の 1 次結合で表すことで，表現行列が得られる．

$$f(\boldsymbol{e}_1) = f\left(\begin{bmatrix} 1 \\ 0 \\ 0 \end{bmatrix}\right) = \begin{bmatrix} 1 \\ 0 \end{bmatrix} = 1\boldsymbol{e}_1 + 0\boldsymbol{e}_2,$$

$$f(\boldsymbol{e}_2) = f\left(\begin{bmatrix} 0 \\ 1 \\ 0 \end{bmatrix}\right) = \begin{bmatrix} -1 \\ 1 \end{bmatrix} = -\begin{bmatrix} 1 \\ 0 \end{bmatrix} + \begin{bmatrix} 0 \\ 1 \end{bmatrix} = -1\boldsymbol{e}_1 + 1\boldsymbol{e}_2$$

$$f(\boldsymbol{e}_3) = f\left(\begin{bmatrix} 0 \\ 0 \\ 1 \end{bmatrix}\right) = \begin{bmatrix} 1 \\ 1 \end{bmatrix} = \begin{bmatrix} 1 \\ 0 \end{bmatrix} + \begin{bmatrix} 0 \\ 1 \end{bmatrix} = 1\boldsymbol{e}_1 + 1\boldsymbol{e}_2$$

よって，

$$A = \begin{bmatrix} 1 & -1 & 1 \\ 0 & 1 & 1 \end{bmatrix}.$$

**(注)**　$A=\begin{bmatrix}1 & 0\\ -1 & 1\\ 1 & 1\end{bmatrix}$ではないことに注意せよ．

(2) $f\left(\begin{bmatrix}1\\0\\1\end{bmatrix}\right)=\begin{bmatrix}2\\1\end{bmatrix}$．表現行列を求めるためには，$\begin{bmatrix}2\\1\end{bmatrix}$を$\begin{bmatrix}1\\1\end{bmatrix}$，$\begin{bmatrix}1\\2\end{bmatrix}$の 1 次結合で表さなくてはならない．そこで，

$$\begin{bmatrix}2\\1\end{bmatrix}=x\begin{bmatrix}1\\1\end{bmatrix}+y\begin{bmatrix}1\\2\end{bmatrix}$$

を満たす $x$，$y$ を求めると $x=3$，$y=-1$．

よって，

$$f\left(\begin{bmatrix}1\\0\\1\end{bmatrix}\right)=\begin{bmatrix}2\\1\end{bmatrix}=3\begin{bmatrix}1\\1\end{bmatrix}+(-1)\begin{bmatrix}1\\2\end{bmatrix}.$$

$f\left(\begin{bmatrix}0\\1\\1\end{bmatrix}\right)=\begin{bmatrix}0\\2\end{bmatrix}$．　ここで，$\begin{bmatrix}0\\2\end{bmatrix}=x\begin{bmatrix}1\\1\end{bmatrix}+y\begin{bmatrix}1\\2\end{bmatrix}$ を満たす $x$，$y$ を求めると $x=-2$，$y=2$．よって，

$$f\left(\begin{bmatrix}0\\1\\1\end{bmatrix}\right)=\begin{bmatrix}0\\2\end{bmatrix}=-2\begin{bmatrix}1\\1\end{bmatrix}+2\begin{bmatrix}1\\2\end{bmatrix}.$$

同様にして，

$$f\left(\begin{bmatrix}1\\1\\1\end{bmatrix}\right)=\begin{bmatrix}1\\2\end{bmatrix}=0\begin{bmatrix}1\\1\end{bmatrix}+1\begin{bmatrix}1\\2\end{bmatrix}.$$

よって，求める表現行列は

$$A=\begin{bmatrix}3 & -2 & 0\\ -1 & 2 & 1\end{bmatrix}.$$

**例題 9.3**　2 次以下の多項式の空間 $\boldsymbol{P}_2$ 上で，微分

$$D: f(x)\longrightarrow Df=f'(x)$$

の基底 $\{1,\ x,\ x^2\}$ に関する表現行列 $A$ を求めよ．

**解**　$\boldsymbol{P}_2$ の基底 $\{1, x, x^2\}$ が写像 $D$ によって何に移るかを調べ，次にそれらを $1, x, x^2$ の1次結合で表すと表現行列が得られる．

$$D1 = 0,\quad Dx = 1,\quad Dx^2 = 2x$$

ところで，

$$\begin{aligned} 0 &= 0\cdot 1 + 0\cdot x + 0\cdot x^2 \\ 1 &= 1\cdot 1 + 0\cdot x + 0\cdot x^2 \\ 2x &= 0\cdot 1 + 2\cdot x + 0\cdot x^2 \end{aligned}$$

であるから，求める表現行列は

$$A = \begin{bmatrix} 0 & 1 & 0 \\ 0 & 0 & 2 \\ 0 & 0 & 0 \end{bmatrix}$$

である．

**問9.4**　線形写像

$f : \boldsymbol{R}^3 \longrightarrow \boldsymbol{R}^2$，$f\left(\begin{bmatrix} x \\ y \\ z \end{bmatrix}\right) = \begin{bmatrix} x+y \\ 2x-y+z \end{bmatrix}$ について，次の基底に関する表現行列を求めよ．

(1) $\boldsymbol{R}^3 : \{\boldsymbol{e}_1, \boldsymbol{e}_2, \boldsymbol{e}_3\}$，$\boldsymbol{R}^2 : \{\boldsymbol{e}_1, \boldsymbol{e}_1 + \boldsymbol{e}_2\}$

(2) $\boldsymbol{R}^3 : \{\boldsymbol{e}_1 + \boldsymbol{e}_2, \boldsymbol{e}_2 + \boldsymbol{e}_3, \boldsymbol{e}_3 + \boldsymbol{e}_1\}$，　$\boldsymbol{R}^2 : \{\boldsymbol{e}_1, \boldsymbol{e}_2\}$

## 演習問題9

1. 次の写像は線形写像かどうか調べよ．

(1) $f : \boldsymbol{R}^2 \longrightarrow \boldsymbol{R}^3$，$f\left(\begin{bmatrix} x \\ y \end{bmatrix}\right) = \begin{bmatrix} y \\ x+y \\ x \end{bmatrix}$

(2) $f : \boldsymbol{R}^2 \longrightarrow \boldsymbol{R}^2$，$f\left(\begin{bmatrix} x \\ y \end{bmatrix}\right) = \begin{bmatrix} x+3 \\ y \end{bmatrix}$

2.　$\boldsymbol{R}^3$ の線形変換

$$f\left(\begin{bmatrix} x \\ y \\ z \end{bmatrix}\right)=\begin{bmatrix} 2x-z \\ x+y+z \\ y+2z \end{bmatrix}$$

の基底 $\left\{\begin{bmatrix} 1 \\ 1 \\ 1 \end{bmatrix}, \begin{bmatrix} 1 \\ 0 \\ -1 \end{bmatrix}, \begin{bmatrix} 0 \\ 1 \\ 1 \end{bmatrix}\right\}$ に関する表現行列 $A$ を求めよ．

3.　次の線形写像について，$\boldsymbol{P}_2$ の基底 $\{1, x, x^2\}$ およびで $\boldsymbol{P}_3$ の基底 $\{1, x, x^2, x^3\}$ に関する表現行列 $A$ を求めよ．

$$F : \boldsymbol{P}_2 \longrightarrow \boldsymbol{P}_3,\quad F(f(x))=\int_0^x f(t)dt+f(2)x$$

4.　$\boldsymbol{R}^3$ の線形変換

$$f\left(\begin{bmatrix} x \\ y \\ z \end{bmatrix}\right)=\begin{bmatrix} x+y \\ y+z \\ z+x \end{bmatrix}$$

が正則変換かどうか調べ，正則変換ならば，その逆変換を求めよ．

答は巻末(演習問題解答)を参照

## 問の解答

**問 9.1**　(1) $f(\boldsymbol{0})=f(\boldsymbol{0}+\boldsymbol{0})=f(\boldsymbol{0})+f(\boldsymbol{0})$．よって，$f(\boldsymbol{0})=\boldsymbol{0}$．

(2) $f(-\boldsymbol{a})=f((-1)\boldsymbol{a})=(-1)f(\boldsymbol{a})=-f(\boldsymbol{a})$．

**問 9.2**

(1) $\boldsymbol{x}_1=\begin{bmatrix} x_1 \\ y_1 \end{bmatrix}$，$\boldsymbol{x}_2=\begin{bmatrix} x_2 \\ y_2 \end{bmatrix}$，$\lambda$，$\mu \in \boldsymbol{R}$ とおく．このとき，

$$f(\lambda\boldsymbol{x}_1+\mu\boldsymbol{x}_2)=f\left(\begin{bmatrix} \lambda x_1+\mu x_2 \\ \lambda y_1+\mu y_2 \end{bmatrix}\right)=\begin{bmatrix} \lambda y_1+\mu y_2 \\ \lambda(x_1+y_1)+\mu(x_2+y_2) \end{bmatrix}.$$

一方，

$$\lambda f(\boldsymbol{x}_1)+\mu f(\boldsymbol{x}_2)=\lambda\begin{bmatrix} y_1 \\ x_1+y_1 \end{bmatrix}+\mu\begin{bmatrix} y_2 \\ x_2+y_2 \end{bmatrix}=\begin{bmatrix} \lambda y_1+\mu y_2 \\ \lambda(x_1+y_1)+\mu(x_2+y_2) \end{bmatrix}.$$

よって，$f(\lambda\boldsymbol{x}_1+\mu\boldsymbol{x}_2)=\lambda f(\boldsymbol{x}_1)+\mu f(\boldsymbol{x}_2)$.

したがって，線形写像である．

(2) $\boldsymbol{x}_1=\begin{bmatrix} 1 \\ 0 \end{bmatrix}$，$\boldsymbol{x}_2=\begin{bmatrix} 0 \\ 1 \end{bmatrix}$ とおくと，$f(\boldsymbol{x}_1+\boldsymbol{x}_2)\neq f(\boldsymbol{x}_1)+f(\boldsymbol{x}_2)$．よって，線形写像でない．

**問 9.3**　(1) $\begin{bmatrix} 1 & 1 \\ -1 & 1 \end{bmatrix}$.

(2) $\begin{bmatrix} x+2y \\ y-z \end{bmatrix}=\begin{bmatrix} x \\ 0 \end{bmatrix}+\begin{bmatrix} 2y \\ y \end{bmatrix}+\begin{bmatrix} 0 \\ -z \end{bmatrix}=x\begin{bmatrix} 1 \\ 0 \end{bmatrix}+y\begin{bmatrix} 2 \\ 1 \end{bmatrix}+z\begin{bmatrix} 0 \\ -1 \end{bmatrix}=\begin{bmatrix} 1 & 2 & 0 \\ 0 & 1 & -1 \end{bmatrix}\begin{bmatrix} x \\ y \\ z \end{bmatrix}$.

よって，$f$ の表現行列は $\begin{bmatrix} 1 & 2 & 0 \\ 0 & 1 & -1 \end{bmatrix}$.

**問 9.4**

(1) $f(\boldsymbol{e}_1)=\begin{bmatrix} 1 \\ 2 \end{bmatrix}=(-1)\begin{bmatrix} 1 \\ 0 \end{bmatrix}+2\begin{bmatrix} 1 \\ 1 \end{bmatrix}$,

$f(\boldsymbol{e}_2)=\begin{bmatrix} 1 \\ -1 \end{bmatrix}=2\begin{bmatrix} 1 \\ 0 \end{bmatrix}+(-1)\begin{bmatrix} 1 \\ 1 \end{bmatrix}$,

$f(\boldsymbol{e}_3)=\begin{bmatrix} 0 \\ 1 \end{bmatrix}=(-1)\begin{bmatrix} 1 \\ 0 \end{bmatrix}+\begin{bmatrix} 1 \\ 1 \end{bmatrix}$.

よって，$A=\begin{bmatrix} -1 & 2 & -1 \\ 2 & -1 & 1 \end{bmatrix}$

(2) $f(\boldsymbol{e}_1+\boldsymbol{e}_2)=\begin{bmatrix} 2 \\ 1 \end{bmatrix}=2\begin{bmatrix} 1 \\ 0 \end{bmatrix}+1\begin{bmatrix} 0 \\ 1 \end{bmatrix}$,

$f(\boldsymbol{e}_2+\boldsymbol{e}_3)=\begin{bmatrix} 1 \\ 0 \end{bmatrix}=1\begin{bmatrix} 1 \\ 0 \end{bmatrix}+0\begin{bmatrix} 0 \\ 1 \end{bmatrix}$,

$f(\boldsymbol{e}_3+\boldsymbol{e}_1)=\begin{bmatrix} 1 \\ 3 \end{bmatrix}=1\begin{bmatrix} 1 \\ 0 \end{bmatrix}+3\begin{bmatrix} 0 \\ 1 \end{bmatrix}$.

よって，$A=\begin{bmatrix} 2 & 1 & 1 \\ 1 & 0 & 3 \end{bmatrix}$.

# § 10 像と核，固有値と固有ベクトル

## 10.1　像と核

早速，定義から話を始めることにしよう．

**定義 10.1**

$V$, $W$ を $K$ ($\boldsymbol{R}$ または $\boldsymbol{C}$) 上のベクトル空間とする．線形写像 $f$: $V \to W$ に対して

$$\mathrm{Im}f = f(V) = \{f(\boldsymbol{a}) \mid \boldsymbol{a} \in V\}$$
$$\mathrm{Ker}f = \{\boldsymbol{a} \in V \mid f(\boldsymbol{a}) = \boldsymbol{0}\}$$

をそれぞれ $f$ の**像**, $f$ の**核**という．(図 10.1 参照)

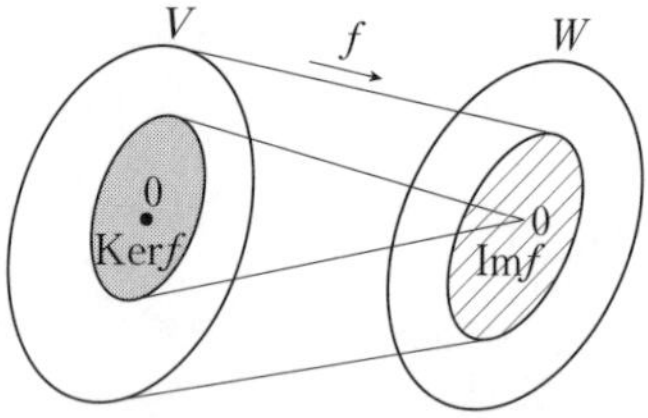


図 10.1

**注**　$\mathrm{Im}\,f$, $\mathrm{Ker}\,f$ はそれぞれ image(イメージ) $f$, kernel(カーネル) $f$ と読む．

ここで，定義に従って，$\boldsymbol{R}^2$ から $\boldsymbol{R}^2$ への線形写像

$$f\left(\begin{bmatrix} x \\ y \end{bmatrix}\right) = \begin{bmatrix} x+y \\ -x-y \end{bmatrix}$$

の $\mathrm{Im}\,f$ と $\mathrm{Ker}\,f$ を調べてみよう．

$\begin{bmatrix} x \\ y \end{bmatrix}$ を $\boldsymbol{R}^2$ の任意の元とすると

$$f\left(\begin{bmatrix} x \\ y \end{bmatrix}\right) = \begin{bmatrix} x+y \\ -(x+y) \end{bmatrix}$$

となる．$x$, $y$ は任意であるから，$x+y=X$ とおくと，$X$ も任意であり，

$$f\left(\begin{bmatrix} x \\ y \end{bmatrix} = \begin{bmatrix} X \\ -X \end{bmatrix}\right) \quad (X \in \boldsymbol{R})$$

と書くことができる．ここで，$X$ を $x$ で書くと求める像は

$$\mathrm{Im} f = \left\{\begin{bmatrix} x \\ -x \end{bmatrix} \mid x \in \boldsymbol{R}\right\} = \left\{x\begin{bmatrix} 1 \\ -1 \end{bmatrix} \mid x \in \boldsymbol{R}\right\}$$

となる．すなわち，平面上の直線 $y=-x$ 上の点全体の集合である．

$$\mathrm{Ker} f = \left\{\begin{bmatrix} x \\ y \end{bmatrix} \middle| f\left(\begin{bmatrix} x \\ y \end{bmatrix}\right) = \begin{bmatrix} 0 \\ 0 \end{bmatrix}\right\}$$

であるから求める核は連立 1 次方程式

$$\begin{cases} x+y=0 \\ -x-y=0 \end{cases}$$

の解集合である．この同次方程式の解は

$$x=t, \quad y=-t \ (t \text{ は任意定数})$$

であるから

$$\mathrm{Ker} f = \left\{\begin{bmatrix} t \\ -t \end{bmatrix} \mid t \in \boldsymbol{R}\right\} = \left\{t\begin{bmatrix} 1 \\ -1 \end{bmatrix} \mid t \in \boldsymbol{R}\right\}$$

となる．このことから，$\mathrm{Ker} f$ も直線 $y=-x$ 上の点全体の集合であることがわかる．

$\mathrm{Im}\, f$ は $W$ の部分空間，$\mathrm{Ker}\, f$ は $V$ の部分空間である．これらのことは簡単に確かめることができる．

**問 10.1**　$\mathrm{Im}\, f$，$\mathrm{Ker}\, f$ はそれぞれ $W$，$V$ の部分空間であることを示せ．

$\mathrm{Im}\, f$，$\mathrm{Ker}\, f$ が部分空間であるなら，それらの次元や基底はどうなるかという話に発展することは自然な成り行きである．

上記の例では

$$\mathrm{Im} f=\left\{\begin{bmatrix} x \\ -x \end{bmatrix} \mid x \in \boldsymbol{R}\right\}=\left\{x\begin{bmatrix} 1 \\ -1 \end{bmatrix} \mid x \in \boldsymbol{R}\right\}$$

であるから　基底は $\begin{bmatrix} 1 \\ -1 \end{bmatrix}$ で，$\dim(\mathrm{Im} f)=1$ である．また

$$\mathrm{Ker} f=\left\{\begin{bmatrix} t \\ -t \end{bmatrix} \mid t \in \boldsymbol{R}\right\}=\left\{t\begin{bmatrix} 1 \\ -1 \end{bmatrix} \mid t \in \boldsymbol{R}\right\}$$

であるから 基底は $\begin{bmatrix} 1 \\ -1 \end{bmatrix}$ で，$\dim(\mathrm{Ker} f)=1$ である．

ところで，$\dim \boldsymbol{R}^2=2$ であるから，上の結果から

$$\dim R^2=\dim(\mathrm{Im} f)+\mathrm{Im}(\mathrm{Ker} f)\quad(2=1+1)$$

が成り立つ．このことは一般の場合でも成り立つ．

**定理 10.1（線形写像の次元定理）**
線形写像 $f: V \to W$ に対して次が成り立つ．ただし，$V$，$W$ は有限次元のベクトル空間とする．

$$\dim(\mathrm{Im} f)+\dim(\mathrm{Ker} f)=\dim V.$$

**証明**　$\dim V=n$, $\dim W=m$ とする．$\dim(\mathrm{Ker} f)=k$ とし，$\{\boldsymbol{u}_1, \boldsymbol{u}_2, \cdots, \boldsymbol{u}_k\}$ を $\mathrm{Ker} f$ の基底とすると，これに $\boldsymbol{v}_1$, $\boldsymbol{v}_2$, $\cdots$, $\boldsymbol{v}_{n-k}$ を付け加えて $V$ の基底とすることができる．

$\boldsymbol{y} \in \mathrm{Im} f$ とすると，$f(\boldsymbol{x})=\boldsymbol{y}$ となる $\boldsymbol{x} \in V$ が存在する．

$$\boldsymbol{x}=\lambda_1 \boldsymbol{u}_1+\cdots+\lambda_k \boldsymbol{u}_k+\mu_1 \boldsymbol{v}_1+\cdots+\mu_{n-k} \boldsymbol{v}_{n-k}$$

と書けるから

$$\begin{aligned} \boldsymbol{y} &= f(\boldsymbol{x}) \\ &= \lambda_1 f(\boldsymbol{u}_1)+\cdots+\lambda_k f(\boldsymbol{u}_k)+\mu_1 f(\boldsymbol{v}_1)+\cdots+\mu_{n-k} f(\boldsymbol{v}_{n-k}). \end{aligned}$$

ところが，$\boldsymbol{u}_1$, $\cdots$, $\boldsymbol{u}_k \in \mathrm{Ker} f$ であるから，$f(\boldsymbol{u}_i)=0$ $(i=1,2,\cdots,k)$

よって

$$\boldsymbol{y}=\mu_1 f(\boldsymbol{v}_1)+\cdots+\mu_{n-k} f(\boldsymbol{v}_{n-k}).$$

このことは，$\mathrm{Im} f$ は $f(\boldsymbol{v}_1)$, $\cdots$, $f(\boldsymbol{v}_{n-k})$ によって生成されることを示してい

る．

次に，$f(\boldsymbol{v}_1)$, …, $f(\boldsymbol{v}_{n-k})$ が1次独立であることを示そう．

$\alpha_1 f(\boldsymbol{v}_1)+\cdots+\alpha_{n-k}f(\boldsymbol{v}_{n-k})=\boldsymbol{0}$ とおくと

$$\alpha_1 f(\boldsymbol{v}_1)+\cdots+\alpha_{n-k}f(\boldsymbol{v}_{n-k})=f(\alpha_1\boldsymbol{v}_1+\cdots+\alpha_{n-k}\boldsymbol{v}_{n-k})=\boldsymbol{0}$$

となるから

$$\alpha_1\boldsymbol{v}_1+\cdots+\alpha_{n-k}\boldsymbol{v}_{n-k}\in \mathrm{Ker} f.$$

$\{\boldsymbol{u}_1, \boldsymbol{u}_2, \cdots, \boldsymbol{u}_k\}$ は $\mathrm{Ker} f$ の基底であるから

$$\alpha_1\boldsymbol{v}_1+\cdots+\alpha_{n-k}\boldsymbol{v}_{n-k}=\beta_1\boldsymbol{u}_1+\cdots+\beta_k\boldsymbol{u}_k.$$

と書くことができる．ここに，$\alpha_i$, $\beta_j$ $(i=1,\cdots,n-k\,;j=1,\cdots,k)$ はスカラーである．よって，

$$\alpha_1\boldsymbol{v}_1+\cdots+\alpha_{n-k}\boldsymbol{v}_{n-k}-\beta_1\boldsymbol{u}_1-\cdots-\beta_k\boldsymbol{u}_k=0.$$

$\{\boldsymbol{v}_1, \boldsymbol{v}_2, \cdots, \boldsymbol{v}_{n-k}, \boldsymbol{u}_1, \cdots, \boldsymbol{u}_k\}$ は $V$ の基底であるから，1次独立．このことから，

$$\alpha_1=\cdots=\alpha_{n-k}=\beta_1=\cdots=\beta_k=0$$

であることがわかる．

したがって，$f(\boldsymbol{v}_1)$, …, $f(\boldsymbol{v}_{n-k})$ は1次独立である．このことは，

$$\dim(\mathrm{Im} f)=n-k$$

であることを示している．よって，

$$\dim(\mathrm{Im} f)+\dim(\mathrm{Ker} f)=n-k+k=n$$

となり，定理は証明された．

**系 10.2**　標準基底に関する線形写像 $f:\boldsymbol{R}^n\to\boldsymbol{R}^m$ の表現行列を $A$ とすると次が成り立つ．

(1) $\mathrm{Im} f=\{A$ の列ベクトルで生成される $\boldsymbol{R}^m$ の部分空間$\}$.

(2) $\mathrm{Ker} f=\{$連立1次同次方程式 $A\boldsymbol{x}=\boldsymbol{0}$ の解の作る $\boldsymbol{R}^n$ の部分空間$\}$

(3) $\dim(\mathrm{Im} f)=\{A$ の列ベクトルの1次独立な最大個数$\}$

(4) $\dim(\mathrm{Ker} f)=n-\{A$ の列ベクトルの1次独立な最大個数$\}$

**証明**　(1) $A=[\boldsymbol{a}_1,\ \cdots,\ \boldsymbol{a}_n]$ とおくと

$$\begin{aligned}\mathrm{Im}f &= \{A\boldsymbol{x} \mid \boldsymbol{x}\in\boldsymbol{R}^n\}\\ &= \left\{[\boldsymbol{a}_1,\ \cdots,\ \boldsymbol{a}_n]\begin{bmatrix}x_1\\ \vdots\\ x_n\end{bmatrix} \,\middle|\, x_1,\ \cdots,\ x_n\in\boldsymbol{R}\right\}\\ &= \{x_1\boldsymbol{a}_1+\cdots+x_n\boldsymbol{a}_n \mid x_1,\ \cdots,\ x_n\in\boldsymbol{R}\}.\end{aligned}$$

である．このことは，(1)が成り立つことを示している(第8.3節を参照されたい)．

(2) $\mathrm{Ker}f$ の定義と問7.4から直ちに得られる..

(3) $\{\boldsymbol{a}_1,\ \cdots,\ \boldsymbol{a}_n\}$ の中での1次独立なベクトルの最大個数を $r$ とすると，その他のベクトルは $r$ 個の1次結合で表すことができる．このことから(3)が得られる．

(4) 定理10.1より直ちに得られる．

**系 10.3**　$n$ 次正方行列 $A$ を $\boldsymbol{R}^n$ から $\boldsymbol{R}^n$ への線形写像としたとき，次は同値である．

(1) $A$ は正則　　(2) $\mathrm{Ker}\,A=\{\boldsymbol{0}\}$

(3) $\mathrm{Im}\,A=\boldsymbol{R}^n$　　(4) $\mathrm{rank}\,A=n$

**証明**　(1)⇒(2) $A$ は正則であるから連立1次方程式 $A\boldsymbol{x}=\boldsymbol{0}$ の解は，自明な解 $\boldsymbol{x}=\boldsymbol{0}$ のみである．よって，$\mathrm{Ker}\,A=\{\boldsymbol{0}\}$ である．

(2)⇒(3) 次元定理より，$\dim(\mathrm{Im}\,A)=n$．よって，$\mathrm{Im}\,A=\boldsymbol{R}^n$．

(3)⇒(4) $\mathrm{Im}\,A=\boldsymbol{R}^n$ であるから，$A$ は $n$ 個の1次独立な列ベクトルを持つ．よって，$\mathrm{rank}\,A=n$．

(4)⇒(1) $\mathrm{rank}\,A=n$ であるから，$n$ 個の列ベクトルは1次独立である．よって，$|A|\neq 0$．したがって，$A$ は正則である．

**例題 10.1**　線形変換 $f: \boldsymbol{R}^3 \to \boldsymbol{R}^3$,

$$f\left(\begin{bmatrix} x \\ y \\ z \end{bmatrix}\right) = \begin{bmatrix} y+z \\ x+y+2z \\ 2x+y+3z \end{bmatrix}$$

について次を求めよ．

(1)　$f$ の像(すなわち $\mathrm{Im} f$)

(2)　$f$ の核(すなわち $\mathrm{Ker} f$)

**解**　(1)　$\mathrm{Im} f$ は $\boldsymbol{R}^3$ の基底の $f$ による像で生成される．$\boldsymbol{R}^3$ の基底として標準基底 $\{\boldsymbol{e}_1, \boldsymbol{e}_2, \boldsymbol{e}_3\}$ をとれば，$\mathrm{Im} f$ は $\{f(\boldsymbol{e}_1), f(\boldsymbol{e}_2), f(\boldsymbol{e}_3)\}$ で生成される．ところで，

$$f(\boldsymbol{e}_1) = f\left(\begin{bmatrix} 1 \\ 0 \\ 0 \end{bmatrix}\right) = \begin{bmatrix} 0 \\ 1 \\ 2 \end{bmatrix},\quad f(\boldsymbol{e}_2) = f\left(\begin{bmatrix} 0 \\ 1 \\ 0 \end{bmatrix}\right) = \begin{bmatrix} 1 \\ 1 \\ 1 \end{bmatrix},\quad f(\boldsymbol{e}_3) = \left(\begin{bmatrix} 0 \\ 0 \\ 1 \end{bmatrix}\right) = \begin{bmatrix} 1 \\ 2 \\ 3 \end{bmatrix}$$ であり，

この中で $f(\boldsymbol{e}_1), f(\boldsymbol{e}_2)$ は明らかに1次独立で，しかも $f(\boldsymbol{e}_3) = f(\boldsymbol{e}_1) + f(\boldsymbol{e}_2)$ である．したがって，$\mathrm{Im} f$ はベクトル ${}^t[0\ 1\ 2]$, ${}^t[1\ 1\ 1]$ を基底とする $\boldsymbol{R}^3$ の2次元部分空間である．

(2)　$\mathrm{Ker} f$ は同次連立1次方程式

$$\begin{cases} y+z=0 \\ x+y+2z=0 \\ 2x+y+3z=0 \end{cases}$$

の解である．これを解くと

$$\begin{bmatrix} x \\ y \\ z \end{bmatrix} = \begin{bmatrix} -t \\ -t \\ t \end{bmatrix} = t\begin{bmatrix} -1 \\ -1 \\ 1 \end{bmatrix}\quad (t \text{ は任意定数})$$

となる．よって，$\mathrm{Ker} f$ は ${}^t[-1\ -1\ 1]$ (あるいは ${}^t[1\ 1\ -1]$) を基底とする $\boldsymbol{R}^3$ の1次元部分空間である．

**注**　次元定理から $\dim(\mathrm{Im} f) + \dim(\mathrm{Ker} f) = 3$ でなくてはならない．次元は基底の個数のことであるから，$\dim(\mathrm{Im} f) = 2$ がわかれば，$\mathrm{Ker} f$ の基底の個数は自動的に得られる．このことは，答えが正しいかどうかをチエックする

手だてになる．

**問 10.2**　次の線形変換 $f: \boldsymbol{R}^3 \to \boldsymbol{R}^2$ の像と核を求めよ．

(1) $f\left(\begin{bmatrix} x \\ y \\ z \end{bmatrix}\right)=\begin{bmatrix} x \\ y-z \end{bmatrix}$,　　(2) $f\left(\begin{bmatrix} x \\ y \\ z \end{bmatrix}\right)=\begin{bmatrix} x+y+2z \\ 2x+2y+4z \end{bmatrix}$

## 10.2　固有値と固有ベクトル

2 次正方行列 $A=\begin{bmatrix} 4 & -2 \\ 1 & 1 \end{bmatrix}$ は $\boldsymbol{R}^2$ から $\boldsymbol{R}^2$ への線形変換であることを既に学んでいる．

ここで，$x=\begin{bmatrix} 1 \\ 1 \end{bmatrix} \in \boldsymbol{R}^2$ として，像 $A\boldsymbol{x}$ を求めてみよう．

$$A\boldsymbol{x}=\begin{bmatrix} 4 & -2 \\ 1 & 1 \end{bmatrix}\begin{bmatrix} 1 \\ 1 \end{bmatrix}=\begin{bmatrix} 2 \\ 2 \end{bmatrix}=2\begin{bmatrix} 1 \\ 1 \end{bmatrix}=2\boldsymbol{x}$$

すなわち，$\boldsymbol{x}=\begin{bmatrix} 1 \\ 1 \end{bmatrix}$ のときは

$$A\boldsymbol{x}=2\boldsymbol{x}$$

という特別な状況が生じている．

このような状況が生じたとき，ベクトル $\boldsymbol{x}$ を行列 $A$ の固有ベクトル，2 を固有値というのであるが，ここで，あらためて固有値と固有ベクトルの定義を与えよう．

**定義 10.2**

正方行列 $A$ に対して

$$A\boldsymbol{x}=\lambda\boldsymbol{x} \quad (\boldsymbol{x} \neq \boldsymbol{0})$$

を満たす複素数 $\lambda$ とベクトル $\boldsymbol{x} \neq \boldsymbol{0}$ が存在するとき，$\lambda$ を $A$ の**固有値**(eigenvalue)，$\boldsymbol{x}$ を $\lambda$ に属する**固有ベクトル**(eigenvector)という．

次に，固有値・固有ベクトルの求め方についての話をしよう．

$$A\boldsymbol{x} = \lambda_0 \boldsymbol{x}\ (\lambda_0 \text{ は } A \text{ の固有値，} \boldsymbol{x} \neq \boldsymbol{0})$$
$$\Longleftrightarrow (\lambda_0 E - A)\boldsymbol{x} = \boldsymbol{0}$$
$$\Longleftrightarrow (\lambda_0 E - A) \text{ は正則でない（逆行列を持たない）}$$
$$\Longleftrightarrow |\lambda_0 E - A| = 0$$

このことは，$\lambda_0$ は $\lambda$ に関する方程式 $|\lambda E - A| = 0$ の解であることを示している．

なお, $A$ を $n$ 次正方行列とするとき，$|\lambda E - A|$ は $n$ 次の多項式になる．これを

$$\Phi_A(\lambda) = |\lambda E - A|$$

と表し, $A$ の**固有多項式**あるいは**特性多項式**と呼び,

$$\Phi_A(\lambda) = |\lambda E - A| = 0$$

を**固有方程式**あるいは**特性方程式**という．

このとき，上記のことから次のことが言える．

**定理 10.4**　$A$ を $n$ 次正方行列とする．このとき，次が成り立つ．

$\lambda_0$ が $A$ の固有値 $\Longleftrightarrow$ $\lambda_0$ は $n$ 次の固有方程式

$$\Phi_A(\lambda) = |\lambda E - A| = 0$$

の解.

ここで，具体的な問題で固有値，固有ベクトルの求め方を説明しよう．

**例題 10.2**　次の行列 $A$ の固有値と，それぞれの固有値に属する固有ベクトルを求めよ．

$$\begin{bmatrix} 1 & 0 & -1 \\ 0 & 1 & -1 \\ -1 & -1 & 2 \end{bmatrix}$$

**解**　$A\boldsymbol{x}=\lambda\boldsymbol{x}$ $(\boldsymbol{x}\neq\boldsymbol{0})$ より，$(\lambda E-A)\boldsymbol{x}=\boldsymbol{0}$ となるから，求める固有値は，固有方程式

$$\Phi_A(\lambda)=|\lambda E-A|$$

の解である．

$$\Phi_A(\lambda)=\begin{vmatrix}\lambda-1 & 0 & 1\\ 0 & \lambda-1 & 1\\ 1 & 1 & \lambda-2\end{vmatrix}=\lambda(\lambda-1)(\lambda-3)$$

であるから，$\Phi_A(\lambda)=0$ より，求める固有値は

$$\lambda=0,\ 1,\ 3$$

である．次に固有ベクトルを求めよう．

(i) $\lambda=0$ のとき

$A\boldsymbol{x}=0\cdot\boldsymbol{x}$ より，$\boldsymbol{x}={}^t[x_1,\ x_2,\ x_3]$ とおくと，

$$\begin{bmatrix}1 & 0 & -1\\ 0 & 1 & -1\\ -1 & -1 & 2\end{bmatrix}\begin{bmatrix}x_1\\ x_2\\ x_3\end{bmatrix}=0\cdot\begin{bmatrix}x_1\\ x_2\\ x_3\end{bmatrix}=\begin{bmatrix}0\\ 0\\ 0\end{bmatrix}.$$

この式より

$$\begin{cases}x_1-x_3=0\\ x_2-x_3=0\\ -x_1-x_2+2x_3=0\end{cases}$$

を得る．この方程式を解くと

$$x_1=x_3,\quad x_2=x_3.$$

$x_3=c_1$ $(c_1\neq 0)$ とおくと，0 に属する固有ベクトルは

$$\boldsymbol{x}=\begin{bmatrix}x_1\\ x_2\\ x_3\end{bmatrix}=\begin{bmatrix}c_1\\ c_1\\ c_1\end{bmatrix}=c_1\begin{bmatrix}1\\ 1\\ 1\end{bmatrix}\quad(c_1\text{ は 0 でない任意定数})$$

である．

(ii) $\lambda=1$ のとき

$A\boldsymbol{x}=1\cdot\boldsymbol{x}$ より，$\boldsymbol{x}={}^t[x_1,\ x_2,\ x_3]$ とおくと，

$$\begin{bmatrix}1 & 0 & -1\\ 0 & 1 & -1\\ -1 & -1 & 2\end{bmatrix}\begin{bmatrix}x_1\\ x_2\\ x_3\end{bmatrix}=1\cdot\begin{bmatrix}x_1\\ x_2\\ x_3\end{bmatrix}$$

この式より

$$\begin{cases} x_1 - x_3 = x_1 \\ x_2 - x_3 = x_2 \\ -x_1 - x_2 + 2x_3 = x_3 \end{cases}$$

を得る．この方程式を解くと $x_3 = 0$，$x_2 = -x_1$．

$x_1 = c_2$ $(c_2 \neq 0)$ とおくと，求める固有ベクトルは

$$\boldsymbol{x} = \begin{bmatrix} x_1 \\ x_2 \\ x_3 \end{bmatrix} = \begin{bmatrix} c_2 \\ -c_2 \\ 0 \end{bmatrix} = c_2 \begin{bmatrix} 1 \\ -1 \\ 0 \end{bmatrix} \quad (c_2 \text{ は } 0 \text{ でない任意定数}).$$

である．

(iii) $\lambda = 3$ のとき．上記と全く同様にして

$$\begin{cases} x_1 - x_3 = 3x_1 \\ x_2 - x_3 = 3x_2 \\ -x_1 - x_2 + 2x_3 = 3x_3 \end{cases}$$

を得る．これを解くと $x_1 = \dfrac{-1}{2} x_3$，$x_2 = \dfrac{-1}{2} x_3$ となる．ここで，$x_3 = 2c_3$ $(c_3 \neq 0)$ とおくと，求める固有ベクトルは

$$\boldsymbol{x} = \begin{bmatrix} x_1 \\ x_2 \\ x_3 \end{bmatrix} = \begin{bmatrix} -c_3 \\ -c_3 \\ 3c_3 \end{bmatrix} = c_3 \begin{bmatrix} -1 \\ -1 \\ 2 \end{bmatrix} \quad (c_3 \text{ は } 0 \text{ でない任意定数}).$$

**問 10.3**　次の行列 $A$ の固有値と固有ベクトルを求めよ．

(1) $\begin{bmatrix} 4 & -3 \\ 2 & -1 \end{bmatrix}$　　(2) $\begin{bmatrix} 1 & -1 \\ 1 & 1 \end{bmatrix}$

## 10.3　固有空間

$m \times n$ 行列 $A$ を $\boldsymbol{R}^n$ から $\boldsymbol{R}^m$ への線形写像と見なしたとき，

$$\mathrm{Ker}\, A = \{\boldsymbol{x} \in \boldsymbol{R}^n \mid A\boldsymbol{x} = \boldsymbol{0}\}$$

は $\boldsymbol{R}^n$ の部分空間であることを既に学んだ．

**定義 10.3**

$\lambda_0$ が $n$ 次正方行列 $A$ の固有値とするとき

$$\mathrm{Ker}(\lambda_0 E - A) = \{\boldsymbol{x} \mid (\lambda_0 E - A)\boldsymbol{x} = \boldsymbol{0}\}$$

を $A$ の固有値 $\lambda_0$ の（あるいは $\lambda_0$ に対する）**固有空間**という．本書ではこれを $\boldsymbol{W}(\boldsymbol{\lambda_0})$ で表すことにする．

この定義から

$$\boldsymbol{W}(\boldsymbol{\lambda_0}) = \{\lambda_0 \text{ に属する固有ベクトル全体}\} \cup \{\boldsymbol{0}\}$$

であることがわかる．

**例題 10.3**　例題 10.2 の行列 $A = \begin{bmatrix} 1 & 0 & -1 \\ 0 & 1 & -1 \\ -1 & -1 & 2 \end{bmatrix}$ のそれぞれの固有値に対する固有空間とそれらの次元を求めよ．

**解**　例題 10.2 から，固有値は 0, 1, 3 でそれらに属する固有ベクトルはそれぞれ $c_1\,{}^t[1\ 1\ 1]$，$c_2\,{}^t[1\ -1\ 0]$，$c_3\,{}^t[-1\ -1\ 2]$（$c_1$，$c_2$，$c_3$ は 0 でない任意定数）である．よって，求める固有空間はそれぞれ

$$W(0) = \{c_1\,{}^t[1\ 1\ 1] \mid c_1 \text{ は任意定数}\},$$
$$W(1) = \{c_2\,{}^t[1\ -1\ 0] \mid c_2 \text{ は任意定数}\},$$
$$W(3) = \{c_3\,{}^t[-1\ -1\ 2] \mid c_3 \text{ は任意定数}\},$$

である．また，明らかに $\dim W(0) = \dim W(1) = \dim W(3) = 1$ である．

## 演習問題 10

1．次の線形写像 $f$ について，$\mathrm{Im}f$，$\mathrm{Ker}f$ の基底と次元を求めよ．

(1)　$f:\boldsymbol{R}^2\to\boldsymbol{R}^3$　$f\left(\begin{bmatrix}x_1\\x_2\end{bmatrix}\right)=\begin{bmatrix}x_1-x_2\\x_1+x_2\\x_1\end{bmatrix}$

(2)　$f:\boldsymbol{R}^3\to\boldsymbol{R}$　$f\left(\begin{bmatrix}x_1\\x_2\\x_3\end{bmatrix}\right)=x_1+x_2+x_3$

2．次の行列 $A$ の固有値と固有ベクトルを求めよ．

$$\begin{bmatrix}2&0&0\\1&3&1\\0&0&2\end{bmatrix}$$

3．$n$ 次正方行列 $A$ に対して $A^k=O$ となる正の整数 $k$ が存在するとき，$A$ はベキ零行列であるという．**ベキ零行列**の固有値はすべて 0 であることを示せ．

4．$A$ を $n$ 次正方行列，$\lambda_1, \lambda_2, \cdots, \lambda_n$ を $A$ の固有値とする．また，$\mathrm{tr}\,A$ で行列 $A$ の対角成分の和を表すものとする．次のことを示せ．

(1)　$\mathrm{tr}\,A=\lambda_1+\lambda_2+\cdots+\lambda_n$

(2)　$|A|=\lambda_1\lambda_2\cdots\lambda_n$

(3)　$A$ は正則 $\Longleftrightarrow$ $A$ は 0 を固有値に持たない．

答は巻末(演習問題解答)を参照

## 問の解答

**問 10.1**　$\boldsymbol{u}, \boldsymbol{v} \in \mathrm{Im} f$ ならば $f(\boldsymbol{x})=\boldsymbol{u}$, $f(\boldsymbol{y})=\boldsymbol{v}$ となる $\boldsymbol{x}, \boldsymbol{y} \in V$ が存在する．$\lambda, \mu \in K$ に対し

$$f(\lambda\boldsymbol{x}+\mu\boldsymbol{y})=\lambda f(\boldsymbol{x})+\mu f(\boldsymbol{y})=\lambda\boldsymbol{u}+\mu\boldsymbol{v}.$$

よって，$\lambda\boldsymbol{u}+\mu\boldsymbol{v} \in \mathrm{Im} f$．したがって，部分空間である．

$\boldsymbol{x}, \boldsymbol{y} \in \mathrm{Ker} f$ とする．このとき，$f(\boldsymbol{x})=\boldsymbol{0}$, $f(\boldsymbol{y})=\boldsymbol{0}$ である．$\lambda, \mu \in K$ に対し

$$f(\lambda\boldsymbol{x}+\mu\boldsymbol{y})=\lambda f(\boldsymbol{x})+\mu f(\boldsymbol{y})=\lambda\boldsymbol{0}+\mu\boldsymbol{0}=\boldsymbol{0}.$$

よって，$\lambda\boldsymbol{u}+\mu\boldsymbol{v} \in \mathrm{Ker} f$．したがって，部分空間である．

**問 10.2**

(1) $f({}^t[1\ 0\ 0])={}^t[1\ 0]=\boldsymbol{e}_1$,　$f({}^t[0\ 1\ 0])={}^t[0\ 1]=\boldsymbol{e}_2$,　$f({}^t[0\ 0\ 1]={}^t[0\ -1])=-\boldsymbol{e}_2$．$\boldsymbol{e}_1$ と $\boldsymbol{e}_2$ は 1 次独立．よって，$\mathrm{Im} f$ は $\boldsymbol{e}_1$ と $\boldsymbol{e}_2$ を基底とする $\boldsymbol{R}^2$ の部分空間である．ところで，$\dim \boldsymbol{R}^2=2$ であるから，$\mathrm{Im} f=\boldsymbol{R}^2$ である．$\mathrm{Ker} f$ は $x=0$, $y-z=0$ の解である．これを解くと $(x\ y\ z)=(0\ t\ t)$ ($t$ は任意定数)．よって，$\mathrm{Ker} f$ は ${}^t[0\ 1\ 1]$ を基底とする 1 次元部分空間である．

(2) (1) のと場合とまったく同様にして求めると，$\mathrm{Im} f$ は ${}^t[1\ 2]$ を基底とする $\boldsymbol{R}^2$ の 1 次元部分空間で，$\mathrm{Ker} f$ は $\{{}^t[-1\ 1\ 0],\ {}^t[-2\ 0\ 1]\}$ を基底とする $\boldsymbol{R}^3$ の 2 次元部分空間である．

**問 10.3**　例題 10.2 とまったく同様にして求めればよい．固有値は 1, 2．それらに属する固有ベクトルはそれぞれ $c_1{}^t[1\ 1]$, $c_2{}^t[3\ 2]$．($c_1$, $c_2$ は 0 でない任意定数)

(2) 固有値は $1+i$, $1-i$．それらに属する固有ベクトルはそれぞれ $c_1{}^t[i\ 1]$, $c_2{}^t[-i\ 1]$．($c_1$, $c_2$ は 0 でない任意定数で，$i$ は虚数単位 ($i^2=-1$))．

# § 11 行列の対角化とその応用

## 11.1　行列の対角化

ここで学ぶ行列の対角化は応用範囲の広い手法であり，学びがいのある内容である．

定義から出発しよう．

**定義 11.1**

$n$ 次正方行列 $A$, $B$ について，$B = T^{-1}AT$ となるような正則行列 $T$ が存在するとき，$A$ と $B$ は**相似**であるという．$n$ 次正方行列 $A$ が対角行列と相似となるとき，$A$ は**対角化可能**であるという．すなわち

$$T^{-1}AT = \begin{bmatrix} \lambda_1 & & & \\ & \lambda_2 & & O \\ & & \ddots & \\ O & & & \lambda_n \end{bmatrix}$$

となるような正則行列 $T$ が存在するとき，$A$ は対角化可能であるという．なお，対角成分が $d_1$, $d_2$, $\cdots$, $d_n$ である対角行列を，紙面の節約を考慮して，しばしば $\mathrm{diag}\{d_1, d_2, \cdots, d_n\}$ と表すことにする．

ここで，行列 $A$ が対角化可能であるための条件を調べてみよう．話を簡単にするために $A$ を 3 次正方行列とする(一般の場合も同様である)．

$T = [\boldsymbol{x}_1 \ \boldsymbol{x}_2 \ \boldsymbol{x}_3]$ を 3 次正則行列とする．このとき，次のことが成り立つ．

$$T^{-1}AT = \begin{bmatrix} \lambda_1 & 0 & 0 \\ 0 & \lambda_2 & 0 \\ 0 & 0 & \lambda_3 \end{bmatrix} \iff AT = T\begin{bmatrix} \lambda_1 & 0 & 0 \\ 0 & \lambda_2 & 0 \\ 0 & 0 & \lambda_3 \end{bmatrix}$$

$$\iff A[\boldsymbol{x}_1\ \boldsymbol{x}_2\ \boldsymbol{x}_3] = [\boldsymbol{x}_1\ \boldsymbol{x}_2\ \boldsymbol{x}_3]\begin{bmatrix} \lambda_1 & 0 & 0 \\ 0 & \lambda_2 & 0 \\ 0 & 0 & \lambda_3 \end{bmatrix}$$

$$\iff [A\boldsymbol{x}_1\ A\boldsymbol{x}_2\ A\boldsymbol{x}_3] = [\lambda_1\boldsymbol{x}_1\ \lambda_2\boldsymbol{x}_2\ \lambda_3\boldsymbol{x}_3]$$

$$\iff A\boldsymbol{x}_1 = \lambda_1\boldsymbol{x}_1,\quad A\boldsymbol{x}_2 = \lambda_2\boldsymbol{x}_2,\quad A\boldsymbol{x}_3 = \lambda_3\boldsymbol{x}_3.$$

$T$ は正則行列であるから

$$\boldsymbol{x}_1 \neq \boldsymbol{0},\quad \boldsymbol{x}_2 \neq \boldsymbol{0},\quad \boldsymbol{x}_3 \neq \boldsymbol{0}$$

であり，しかも $\boldsymbol{x}_1, \boldsymbol{x}_2, \boldsymbol{x}_3$ は 1 次独立である．

上記の事実は $\lambda_1, \lambda_2, \lambda_3$ は $A$ の固有値で $\boldsymbol{x}_1, \boldsymbol{x}_2, \boldsymbol{x}_3$ は，それぞれそれらに属する固有ベクトルであることを示している．

一般化すれば，次の定理が得られる．

**定理 11.1**　$n$ 次正方行列 $A$ が対角化可能であるための必要十分条件は $A$ が $n$ 個の 1 次独立な固有ベクトル $\{\boldsymbol{x}_1, \boldsymbol{x}_2, \cdots, \boldsymbol{x}_n\}$ を持つことである．このとき，

$$A\boldsymbol{x}_1 = \lambda_1\boldsymbol{x}_1,\ A\boldsymbol{x}_2 = \lambda_2\boldsymbol{x}_2,\ \cdots,\ A\boldsymbol{x}_n = \lambda_n\boldsymbol{x}_n,$$
$$T = [\boldsymbol{x}_1\ \boldsymbol{x}_2\ \cdots\ \boldsymbol{x}_n]$$

とすると

$$T^{-1}AT = \mathrm{diag}\{\lambda_1, \lambda_2, \cdots, \lambda_n\}$$

となる．$T$ のことを**変換行列**という．

この定理は対角化に関する最も基本的な定理である．しっかり身に付けておこう．

**例題 11.1**　次の行列 $A$ が対角化可能であるかどうかを調べ，可能ならば変換行列 $T$ を求めて対角化せよ.

(1) $\begin{bmatrix} 2 & 1 \\ 1 & 2 \end{bmatrix}$　　(2) $\begin{bmatrix} -7 & -24 & -18 \\ 2 & 7 & 6 \\ 0 & 0 & -1 \end{bmatrix}$

**解**　(1)最初に固有値を求める.

$$\phi_A(\lambda)=|\lambda E-A|=\begin{vmatrix} \lambda-2 & -1 \\ -1 & \lambda-2 \end{vmatrix}=(\lambda-1)(\lambda-3)$$

よって，固有値は $\lambda=1,\ 3$.

次に固有ベクトルを求めよう.

(i) $\lambda=1$ のとき.

$A\boldsymbol{x}=\boldsymbol{x}$ より，$\boldsymbol{x}={}^t[x_1\ \ x_2]$ とおくと，連立 1 次方程式

$$\begin{cases} 2x_1+x_2=x_1 \\ x_1+2x_2=x_2 \end{cases}$$

を得る. これを解くと $x_2=-x_1$. $x_1=c_1$ とおくと，固有ベクトルは

$$\boldsymbol{x}=c_1\begin{bmatrix} 1 \\ -1 \end{bmatrix}\ \ (c_1\neq 0)$$

(ii) $\lambda=3$ のとき.

$A\boldsymbol{x}=3\boldsymbol{x}$ より，$\boldsymbol{x}={}^t[x_1\ \ x_2]$ とおくと，連立 1 次方程式

$$\begin{cases} 2x_1+x_2=3x_1 \\ x_1+2x_2=3x_2 \end{cases}$$

を得る. これを解くと $x_2=x_1$. $x_1=c_2$ とおくと，固有ベクトルは

$\boldsymbol{x}=c_2\begin{bmatrix} 1 \\ 1 \end{bmatrix}\ \ (c_2\neq 0)$

変換行列を求めるためには，1 組の 1 次独立な固有ベクトルを選べばよい. 何を選んでもよいが，ここでは，$\begin{bmatrix} 1 \\ -1 \end{bmatrix}$, $\begin{bmatrix} 1 \\ 1 \end{bmatrix}$ を選ぶ. $\begin{vmatrix} 1 & 1 \\ -1 & 1 \end{vmatrix}=2\neq 0$ であるから，選んだ 2 つのベクトル 1 次独立である. よって，対角化可能であ

る．変換行列を $T=\begin{bmatrix}1 & 1\\ -1 & 1\end{bmatrix}$ とすると，定理 11.1 より，$T^{-1}AT=\begin{bmatrix}1 & 0\\ 0 & 3\end{bmatrix}$ を得る．

**注 1**　上記の解答で，変換行列を $T=\begin{bmatrix}1 & 1\\ 1 & -1\end{bmatrix}$ とすると $T^{-1}AT=\begin{bmatrix}3 & 0\\ 0 & 1\end{bmatrix}$ となる．

(2) (1) と同様なので記述を多少省略する．

$$\phi_A(\lambda)=\begin{vmatrix}\lambda+7 & 24 & 18\\ -2 & \lambda-7 & -6\\ 0 & 0 & \lambda+1\end{vmatrix}=(\lambda+1)^2(\lambda-1)$$

よって，固有値は $\lambda=1,\ -1$ (2 重解)．

(iii) $\lambda=1$ のとき．

$A\boldsymbol{x}=\boldsymbol{x}$ より，$\boldsymbol{x}={}^t[x_1\ \ x_2\ \ x_3]$ とおくと，連立 1 次方程式

$$\begin{cases}-7x_1-24x_2-18x_3=x_1\\ 2x_1+7x_2+6x_3=x_2\\ -x_3=x_3\end{cases}$$

を得る．これを解くと $x_1=-3x_2$，$x_3=0$．$x_2=c_1$ とおくと，固有ベクトルは $\boldsymbol{x}=c_1\begin{bmatrix}-3\\ 1\\ 0\end{bmatrix}$ $(c_1\neq 0)$

(iv) $\lambda=-1$ のとき．

$\boldsymbol{x}={}^t[x_1\ \ x_2\ \ x_3]$ おくと，連立 1 次方程式

$$\begin{cases}-7x_1-24x_2-18x_3=-x_1\\ 2x_1+7x_2+6x_3=-x_2\\ -x_3=-x_3\end{cases}$$

を得る．これを解くと $x_1=-4x_2-3x_3$．$x_2=c_2$，$x_3=c_3$ とおくと，固有ベクトルは

$$\boldsymbol{x}=\begin{bmatrix}x_1\\x_2\\x_3\end{bmatrix}=\begin{bmatrix}-4c_2-3c_3\\c_2\\c_3\end{bmatrix}=c_2\begin{bmatrix}-4\\1\\0\end{bmatrix}+c_3\begin{bmatrix}-3\\0\\1\end{bmatrix}.$$

（$c_2$，$c_3$ は少なくとも一方は 0 でない任意定数）

3 つの固有ベクトル $\begin{bmatrix}-3\\1\\0\end{bmatrix}$, $\begin{bmatrix}-4\\1\\0\end{bmatrix}$, $\begin{bmatrix}-3\\0\\1\end{bmatrix}$ は 1 次独立.

よって，$A$ は対角化可能である．変換行列として

$$T=\begin{bmatrix}-3&-4&-3\\1&1&0\\0&0&1\end{bmatrix}$$

とおくと，

$$T^{-1}AT=\begin{bmatrix}1&0&0\\0&-1&0\\0&0&-1\end{bmatrix}$$

を得る.

**注 2**　変換行列を $T=\begin{bmatrix}-4&-3&-3\\1&0&1\\0&1&0\end{bmatrix}$ とすると $T^{-1}AT=\begin{bmatrix}-1&0&0\\0&-1&0\\0&0&1\end{bmatrix}$ となる.

**問 11.1**　次の行列 $A$ が対角化可能であるかどうかを調べ，可能ならば変換行列 $T$ を求めて対角化せよ.

(1) $\begin{bmatrix}1&2\\0&1\end{bmatrix}$　　(2) $\begin{bmatrix}0&1&1\\1&0&1\\1&1&0\end{bmatrix}$

対角化に関する定理をもう一つ述べよう.

**定理 11.2**　$n$ 次正方行列 $A$ が $n$ 個の相異なる固有値をもつならば，$A$ は対角化可能である.

**証明**　$A$ の $n$ 個の相異なる固有値に属する固有ベクトルは 1 次独立であることを示せばよい．数学的帰納法で示す．

$n=1$ のとき．1 個の零でないベクトルは 1 次独立なので明らかである．

$n=2$ とき．$\lambda_1 \neq \lambda_2$，$A\boldsymbol{x}_1=\lambda_1\boldsymbol{x}_1$，$A\boldsymbol{x}_2=\lambda_2\boldsymbol{x}_2$ とする．このとき，$c_1\boldsymbol{x}_1+c_2\boldsymbol{x}_2=\boldsymbol{0}$ とする．この式の両辺の左側から $(\lambda_2E-A)$ を掛けると

$$(\lambda_2E-A)(c_1\boldsymbol{x}_1+c_2\boldsymbol{x}_2)=\boldsymbol{0}$$

よって，

$$\begin{aligned}\boldsymbol{0}&=c_1(\lambda_2E-A)\boldsymbol{x}_1+c_2(\lambda_2E-A)\boldsymbol{x}_2\\&=c_1(\lambda_2\boldsymbol{x}_1-\lambda_1\boldsymbol{x}_1)+c_2(\lambda_2\boldsymbol{x}_2-\lambda_2\boldsymbol{x}_2)\\&=c_1(\lambda_2-\lambda_1)\boldsymbol{x}_1\end{aligned}$$

となる．$\lambda_1 \neq \lambda_2$ であるから，$c_1=0$．したがって，$c_2\boldsymbol{x}_2=0$ となり，$c_2=0$ を得る．このことは，$\boldsymbol{x}_1$，$\boldsymbol{x}_2$ が 1 次独立であることを示している．

次に，$k-1$ 個以下について成り立つと仮定して，$k$ 個の場合を考える．

固有値，固有ベクトルを $A\boldsymbol{x}_i=\lambda_i\boldsymbol{x}_i$ $(1 \leqq i \leqq k)$，$\lambda_i \neq \lambda_j$ $(i \neq j)$ とし，

$$c_1\boldsymbol{x}_1+c_2\boldsymbol{x}_2+\cdots+c_k\boldsymbol{x}_k=\boldsymbol{0}$$

とする．この式の両辺の左側から $(\lambda_kE-A)$ を掛けると，$n=2$ の場合と同様にして

$$c_1(\lambda_k-\lambda_1)\boldsymbol{x}_1+c_2(\lambda_k-\lambda_2)\boldsymbol{x}_2+\cdots+c_k(\lambda_k-\lambda_k)\boldsymbol{x}_k=\boldsymbol{0}.$$

左辺の最後の項は 0 であるから

$$c_1(\lambda_k-\lambda_1)\boldsymbol{x}_1+c_2(\lambda_k-\lambda_2)\boldsymbol{x}_2+\cdots+c_{k-1}(\lambda_k-\lambda_{k-1})\boldsymbol{x}_{k-1}=\boldsymbol{0}.$$

帰納法の仮定から，

$$c_1(\lambda_k-\lambda_1)=c_2(\lambda_k-\lambda_2)=\cdots=c_{k-1}(\lambda_k-\lambda_{k-1})=\boldsymbol{0}.$$

ところで，仮定から $\lambda_k \neq \lambda_i$ $(1 \leqq i \leqq k-1)$ であるから，

$$c_1=c_2=\cdots=c_{k-1}=0.$$

を得る．このことから，$c_k=0$ であることがわかる．したがって，$\boldsymbol{x}_1$，$\boldsymbol{x}_2$，$\cdots$，$\boldsymbol{x}_k$ が 1 次独立となり，定理は証明された．

この結果は固有値がすべて異なるなら，対角化可能であるという便利な定理である．

## 11.2　対角化可能な行列の $n$ 乗の求め方.

最初に準備を行う.

**定理 11.3**　$A$, $B$ は $n$ 次正方行列とする．このとき，次が成り立つ.

(1)　$A=TBT^{-1}$ ならば，$A^n=TB^nT^{-1}$.

(2)　$B=\mathrm{diag}\{\lambda_1,\ \lambda_2,\ \cdots,\ \lambda_n\}$ ならば,

$$B^m=\mathrm{diag}\{\lambda_1^m,\ \lambda_2^m,\ \cdots,\ \lambda_n^m\}.$$

ここに，$m$, $n$ は自然数.

**証明**　(1)　$A^2=AA=(TBT^{-1})(TBT^{-1})$

$$=TB(T^{-1}T)BT^{-1}=TB^2T^{-1}.$$

このことを繰り返せば，$A^n=TB^nT^{-1}$ が得られる.

(2)各自で確かめられたい.

**例題 11.3**　行列 $A=\begin{bmatrix}1&0&-1\\1&1&0\\-1&0&1\end{bmatrix}$ について，$A^n$ を求めよ．ただし，$n$ は自然数とする.

**解**　$\phi_A(\lambda)=\begin{vmatrix}\lambda-1&0&1\\-1&\lambda-1&0\\1&0&\lambda-1\end{vmatrix}=\lambda(\lambda-1)(\lambda-2).$

よって，固有値は $\lambda=0,\ 1,\ 2$. これらに属するそれぞれの固有ベクトル (の 1 つ) は $\begin{bmatrix}1\\-1\\1\end{bmatrix}$, $\begin{bmatrix}0\\1\\0\end{bmatrix}$, $\begin{bmatrix}-1\\-1\\1\end{bmatrix}$. 固有値がすべて異なるから，定理 11.2 より対角化可能である．変換行列を $T=\begin{bmatrix}1&0&-1\\-1&1&-1\\1&0&1\end{bmatrix}$ とおくと,

$$T^{-1}AT=\begin{bmatrix}0&0&0\\0&1&0\\0&0&2\end{bmatrix}.$$

このとき，$A=T\,\mathrm{diag}\{0,\ 1,\ 2\}T^{-1}$ であるから，定理 11.3 より，

$$A^n=T\,\mathrm{diag}\{0,\ 1^n,\ 2^n\}T^{-1}$$

ここで，掃出し法あるいは定理 6.1 を用いて $T^{-1}$ を求めて上の式に代入すると

$$A^n=\begin{bmatrix}1&0&-1\\-1&1&-1\\1&0&1\end{bmatrix}\begin{bmatrix}0&0&0\\0&1&0\\0&0&2^n\end{bmatrix}\frac{1}{2}\begin{bmatrix}1&0&1\\0&2&2\\-1&0&1\end{bmatrix}.$$

よって，

$$A^n=\begin{bmatrix}2^{n-1}&0&-2^{n-1}\\2^{n-1}&1&1-2^{n-1}\\-2^{n-1}&0&2^{n-1}\end{bmatrix}.$$

**問 11.2**　行列 $A=\begin{bmatrix}-8&6\\-9&7\end{bmatrix}$ について，$A^n$ を求めよ．ただし，$n$ は自然数．

## 11.3　主軸問題

本節では，通常の座標平面（座標軸が直交している座標平面）での話とする．その座標を $(x,\ y)$ で表す．

**定義 11.2**

変数 $x,\ y$ について 2 次式

$$F=ax^2+bxy+cy^2 \tag{1}$$

を変数 $x,\ y$ に関する **2 次形式**という．適当な直交座標の変換 $(x,\ y)\to(X,\ Y)$ により，(1) を

$$F=\alpha X^2+\beta Y^2 \tag{2}$$

の形にすることを**主軸問題**という．$X$ 軸，$Y$ 軸をこの 2 次形式の**主軸**，(2) の形を 2 次形式の**標準形**という．

主軸問題では次の 2 つの定理が重要である．

**定理 11.4**　実対称行列 $A$（成分がすべて実数である対称行列）について次が成り立つ．

(1) $A$ の固有値はすべて実数である．

(2) $A$ の異なる固有値に属する固有ベクトルは互いに直交する．

**証明**　(1) 固有値を $\lambda$，それに属する固有ベクトルを $\boldsymbol{x}$ とする．$A\boldsymbol{x}=\lambda\boldsymbol{x}$ $(\boldsymbol{x}\neq 0)$ の共役をとる（行列 $A$ とベクトル $\boldsymbol{x}$ の各成分を共役複素数で置き換える）と，$\overline{A}\,\overline{\boldsymbol{x}}=\overline{\lambda}\,\overline{\boldsymbol{x}}$．左から ${}^t\boldsymbol{x}$ を掛けると ${}^t\boldsymbol{x}\overline{A}\,\overline{\boldsymbol{x}}=\overline{\lambda}\,{}^t\boldsymbol{x}\overline{\boldsymbol{x}}$．この転置をとると，${}^t({}^t\boldsymbol{x}\overline{A}\,\overline{\boldsymbol{x}})={}^t(\overline{\lambda}\,{}^t\boldsymbol{x}\overline{\boldsymbol{x}})$．${}^t\overline{A}$ を ${}^*A$，${}^t\overline{\boldsymbol{x}}$ を ${}^*\boldsymbol{x}$ で表すと，この式より ${}^*\boldsymbol{x}{}^*A\boldsymbol{x}=\overline{\lambda}\,{}^*\boldsymbol{x}\boldsymbol{x}$ を得る．$A$ は実対称行列であるから ${}^*A=A$．よって，

$$ {}^*\boldsymbol{x}A\boldsymbol{x}=\overline{\lambda}\,{}^*\boldsymbol{x}\boldsymbol{x}. \qquad \cdots① $$

一方，$A\boldsymbol{x}=\lambda\boldsymbol{x}$ の左側から ${}^*\boldsymbol{x}$ を掛けると

$$ {}^*\boldsymbol{x}A\boldsymbol{x}=\lambda\,{}^*\boldsymbol{x}\boldsymbol{x} \qquad \cdots② $$

①と②から，$\overline{\lambda}\,{}^*\boldsymbol{x}\boldsymbol{x}=\lambda\,{}^*\boldsymbol{x}\boldsymbol{x}$．

$\boldsymbol{x}\neq\boldsymbol{0}$ より，$\overline{\lambda}=\lambda$．よって，$\lambda$ は実数である．

(2)　$A\boldsymbol{x}=\lambda\boldsymbol{x}$，$A\boldsymbol{y}=\mu\boldsymbol{y}$ $(\lambda\neq\mu,\ \boldsymbol{x}\neq\boldsymbol{0},\ \boldsymbol{y}\neq\boldsymbol{0})$ とすると，

$$ (\lambda\boldsymbol{x},\ \boldsymbol{y})=(A\boldsymbol{x},\ \boldsymbol{y})=(\boldsymbol{x},\ {}^tA\boldsymbol{y})=(\boldsymbol{x},\ A\boldsymbol{y})=(\boldsymbol{x},\ \mu\boldsymbol{y}). $$

ところで，$(\lambda\boldsymbol{x},\ \boldsymbol{y})=\lambda(\boldsymbol{x},\ \boldsymbol{y})$，$(\boldsymbol{x},\ \mu\boldsymbol{y})=\mu(\boldsymbol{x},\ \boldsymbol{y})$ であるから，上の式から，$(\lambda-\mu)(\boldsymbol{x},\ \boldsymbol{y})=0$．$\lambda\neq\mu$ であるから，$(\boldsymbol{x},\ \boldsymbol{y})=0$．したがって，(2) は示された．

**注 2**　$H$ は複素数を成分とする正方行列とする．${}^*H=H$ のとき $H$ を**エルミート行列**という．エルミート行列 $H$ の固有値はすべて実数であることも定理 11.4 の (1) の証明とまったく同様にして示すことができる．

定理 11.4 の (1) を利用すると次の定理が得られる（証明は次節で与える）．

**定理 11.5**　$n$ 次実対称行列 $A$ は適当な直交行列 $U$ で対角化できる．すなわち，${}^{T}UAU = \mathrm{diag}\{\lambda_1, \lambda_2, \cdots, \lambda_n\}$ とできる．ここに，$\lambda_i$ $(i = 1, 2, \cdots, n)$ は $A$ の固有値.

それでは, (1) の標準形を求めてみよう．

$$F = ax^2 + bxy + cy^2 = ax^2 + \frac{1}{2}bxy + \frac{1}{2}bxy + cy^2$$

$$= x\left(ax + \frac{1}{2}by\right) + y\left(\frac{1}{2}bx + cy\right)$$

$$= [x \quad y]\begin{bmatrix} a & \frac{1}{2}b \\ \frac{1}{2}b & c \end{bmatrix}\begin{bmatrix} x \\ y \end{bmatrix}.$$

ここで，$\boldsymbol{x} = \begin{bmatrix} x \\ y \end{bmatrix}$，$A = \begin{bmatrix} a & \frac{1}{2}b \\ \frac{1}{2}b & c \end{bmatrix}$ とおくと，${}^{t}\boldsymbol{x} = [x \quad y]$ であるから，

$$F = {}^{t}\boldsymbol{x}A\boldsymbol{x} \tag{3}$$

と表すことができる．$A$ のことを $F$ の**係数行列**という．

行列 $A$ は対称行列であるから，定理 11.5 より，適当な直交行列 $U$ によって，

$${}^{t}UAU = \begin{bmatrix} \alpha & 0 \\ 0 & \beta \end{bmatrix} \tag{4}$$

とすることができる．ここに，$\alpha$, $\beta$ は $A$ の固有値.

$$\boldsymbol{x} = U\boldsymbol{X} \quad (\boldsymbol{x} = {}^{t}[x \quad y],\ \boldsymbol{X} = {}^{t}[X \quad Y])$$

とおくと, (3) は

$$F = {}^{t}(U\boldsymbol{X})A(U\boldsymbol{X}) = {}^{t}\boldsymbol{X}({}^{t}UAU)\boldsymbol{X} = {}^{t}\boldsymbol{X}\begin{bmatrix} \alpha & 0 \\ 0 & \beta \end{bmatrix}\boldsymbol{X}$$

$$= [X \quad Y]\begin{bmatrix} \alpha & 0 \\ 0 & \beta \end{bmatrix}\begin{bmatrix} X \\ Y \end{bmatrix} = \alpha X^2 + \beta Y^2 \tag{5}$$

となり, (1) の標準形が得られた．

**注 3**　上記の論法は $n$ 変数 $(n \geqq 3)$ でも適用できる．

**注 4**　直交行列によって表される 1 次変換を**直交変換**という.

**例題 11.4**　次の 2 次形式を標準形に直せ.

$$F = 2x^2+2xy+2y^2$$

**解**　$F = 2x^2+2xy+2y^2 = 2x^2+xy+xy+2y^2$

$$= x(2x+y)+y(x+2y)$$

$$= [x \quad y]\begin{bmatrix} 2 & 1 \\ 1 & 2 \end{bmatrix}\begin{bmatrix} x \\ y \end{bmatrix}$$

ここで，$F$ の係数行列 $A = \begin{bmatrix} 2 & 1 \\ 1 & 2 \end{bmatrix}$ の固有値と固有ベクトルを求めると，固有値は 3, 1 でそれらに属するそれぞれの固有ベクトル (の 1 つ) は $\begin{bmatrix} 1 \\ 1 \end{bmatrix}$, $\begin{bmatrix} -1 \\ 1 \end{bmatrix}$.

この 2 つのベクトルは直交している (定理 11. 4(2)) ので，正規化すれば正規直交系になる.

2 つのベクトルを正規化すると，それぞれ $\begin{bmatrix} 1/\sqrt{2} \\ 1/\sqrt{2} \end{bmatrix}$, $\begin{bmatrix} -1/\sqrt{2} \\ 1/\sqrt{2} \end{bmatrix}$ となる. いま

$U = \begin{bmatrix} 1/\sqrt{2} & -1/\sqrt{2} \\ 1/\sqrt{2} & 1/\sqrt{2} \end{bmatrix}$ とおくと，$U$ は直交行列である. この直交変換

$$\begin{bmatrix} x \\ y \end{bmatrix} = U\begin{bmatrix} X \\ Y \end{bmatrix}$$

により，

$$F = 3X^2+Y^2$$

となる. これが求める標準形である.

**問 11.3**

(1) 次の 2 次形式を標準形に直せ.

$$F = x^2+4xy-2y^2$$

(2) $x^2+y^2=1$ のとき，$F = x^2+4xy-2y^2$ の最大値と最小値を求めよ.

## 演習問題 11

1. 行列 $A=\begin{bmatrix}1 & 0 & 0\\ 1 & 2 & 0\\ 2 & 0 & 3\end{bmatrix}$ について，次に答えよ．

(1) $A$ を対角化せよ．

(2) $A^n$ を求めよ．ただし，$n$ は自然数とする．

2. 2 次形式

$$F=5x^2+3y^2+3z^2+2xy+2yz+2zx$$

について次に答えよ．

(1) $F$ の係数行列 $A$ を求めよ．

(2) $F$ を標準形にせよ．

(3) $x^2+y^2+z^2=1$ のとき，$F$ の最大値・最小値を求めよ．

答は巻末（演習問題解答）を参照

## 問の解答

**問 11.1**　(1) $\phi_A(\lambda)=(\lambda-1)^2$．よって，固有値は $\lambda=1$ (重解)．$A\boldsymbol{x}=\boldsymbol{x}$ より，$\boldsymbol{x}={}^t[x_1\ \ x_2]$ とおくと，

$$\begin{cases}x_1+2x_2=x_1\\ x_2=x_2\end{cases}$$

を得る．これを解くと $x_1$ は任意で $x_2=0$．$x_1=c$ とおくと，固有ベクトルは $\boldsymbol{x}=c\,{}^t[1\ \ 0]$ $(c\neq 0)$．1 次独立なベクトルが 1 つしかないので，対角化可能でない．

(2) $\phi_A(\lambda)=(\lambda+1)^2(\lambda-2)$

よって，固有値は $\lambda=2,\ -1$ (2 重解)．

$\lambda=2$ に属する固有ベクトルの 1 つとして ${}^t[1\ 1\ 1]$ を選び，$\lambda=-1$ に属する 1 組の固有ベクトルとして ${}^t[-1\ 1\ 0]$，${}^t[-1\ 0\ 1]$ を選ぶ．

3 つの固有ベクトル ${}^t[1\ 1\ 1]$，${}^t[-1\ 1\ 0]$，${}^t[-1\ 0\ 1]$ は 1 次独立．よって，$A$

は対角化可能である．変換行列として $T=\begin{bmatrix}1 & -1 & -1\\ 1 & 1 & 0\\ 1 & 0 & 1\end{bmatrix}$ とおくと，

$$T^{-1}AT=\begin{bmatrix}2 & 0 & 0\\ 0 & -1 & 0\\ 0 & 0 & -1\end{bmatrix}.$$

**問 11.2**　固有値 1，−2．変換行列を $T=\begin{bmatrix}2 & 1\\ 3 & 1\end{bmatrix}$ とおくと，

$$A^n=\begin{bmatrix}-2+3(-2)^n & 2+(-2)^{n+1}\\ -3+3(-2)^n & 3+(-2)^{n+1}\end{bmatrix}.$$

**問 11.3**　(1) $F=[x\ \ y]\begin{bmatrix}1 & 2\\ 2 & -2\end{bmatrix}\begin{bmatrix}x\\ y\end{bmatrix}$. 係数行列の固有値は 2 と −3.

よって，適当な直交変換 $\boldsymbol{x}=U\boldsymbol{X}$ により，$F=2X^2-3Y^2$ となる．

(2)　(1)より，$-3(X^2+Y^2)\leqq F\leqq 2(X^2+Y^2)$．

この式の右側の等号は ${}^t[1\ \ 0]$ のとき，左側の等号は ${}^t[0\ \ 1]$ のとき成り立つ．

ところで，

$$\begin{aligned}X^2+Y^2&={}^tXX={}^t({}^tU\boldsymbol{x})({}^tU\boldsymbol{x})\\ &={}^t\boldsymbol{x}U{}^tU\boldsymbol{x}={}^t\boldsymbol{x}\boldsymbol{x}=x^2+y^2=1.\end{aligned}$$

であるから，$F$ の最大値は 2，最小値は −3 である．

# §12 行列の三角化，ジョルダンの標準形

固有値および固有ベクトルを求める問題は，固有値問題と言われている．いよいよ，固有値問題の大詰めの話に入る．ここでは，行列の三角化，ケーリー・ハミルトンの定理について学び，行列攻略の最終兵器と言われているジョルダン標準形についても学ぶことにしよう．

## 12.1 行列の三角化

**定義 12.1**

$n$ 次正方行列 $A$ に対して，適当な正則行列 $T$ を選んで，$T^{-1}AT$ が三角行列になるとき，$A$ は**三角化可能**であるという．

行列の対角化は，可能な場合も不可能の場合もあったが，三角化は，都合がよいことに，常に可能なのである．

対角化が可能でない行列に対して，三角化は応用上有用である．

一般的な話に入る前に，具体的な話をしておこう．

**例題 12.1** 行列 $A=\begin{bmatrix} 2 & 4 \\ -1 & 6 \end{bmatrix}$ が対角化可能かどうかを調べて，対角可能でない場合は，適当に正則行列 $T$ を選んで $T^{-1}AT$ を上三角行列にせよ．

**解** 固有多項式は $\phi_A(\lambda)=(\lambda-4)^2$ であるから，固有値は 4 で，固有ベク

トルは $c\begin{bmatrix}2\\1\end{bmatrix}$ $(c\neq 0)$ である．1次独立なベクトルは1つしかないので，対角化可能でない．

次に三角化を考えよう．

ベクトル $\boldsymbol{p}_1=\begin{bmatrix}2\\1\end{bmatrix}$ を選び，これと1次独立なベクトルを適当に1つ選ぶ．ここでは，$\boldsymbol{p}_2=\begin{bmatrix}1\\0\end{bmatrix}$ を選ぶことにする．$T=\begin{bmatrix}2&1\\1&0\end{bmatrix}$ とおくと，$T^{-1}=\begin{bmatrix}0&1\\1&-2\end{bmatrix}$ である．このとき，$T^{-1}AT=\begin{bmatrix}4&-1\\0&4\end{bmatrix}$ となり，上三角行列が得られた．

**定理 12.1**　$A$ を $n$ 次正方行列とし，その固有値を $\lambda_1, \lambda_2, \cdots, \lambda_n$ とする．このとき，適当な正則行列 $T$ によって，

$$T^{-1}AT=\begin{bmatrix}\lambda_1 & * & \cdots & * \\ & \lambda_2 & * & * \\ & & \ddots & \vdots \\ O & & & \lambda_n\end{bmatrix}$$

と上三角行列に三角化される．

**証明**　次数 $n$ に関する数学的帰納法で証明する．$n=1$ のときは，1次行列 $A=[a]$ であるので，この行列自身がすでに上三角行列になっている．よって，$T=\mathrm{E}=[1]$ を選べばよい．

任意の $(n-1)$ 次の正方行列 $B$ に対して，定理が成り立つと仮定して $n$ 次正方行列 $A$ に対して，定理が成り立つことを示す．

$n$ 次正方行列 $A$ の固有値の1つを $\lambda_1$ とし，これに属する(1つの)固有ベクトルを $\boldsymbol{p}_1$ とする．このとき，

$$A\boldsymbol{p}_1=\lambda_1\boldsymbol{p}_1$$

である．これを第1列にもつ正則行列の1つを

$$T_0=[\boldsymbol{p}_1, \boldsymbol{p}_2, \cdots, \boldsymbol{p}_n]$$

とすると，

$$T_0^{-1}T_0=[T_0^{-1}\boldsymbol{p}_1, T_0^{-1}\boldsymbol{p}_2, \cdots, T_0^{-1}\boldsymbol{p}_n].$$

一方,

$$T_0^{-1}T_0 = E = [\boldsymbol{e}_1,\ \boldsymbol{e}_2,\ \cdots,\ \boldsymbol{e}_n].$$

両者の第 1 列を比較すると

$$T_0^{-1}\boldsymbol{p}_1 = \boldsymbol{e}_1.$$

したがって,

$$\begin{aligned} T_0^{-1}AT_0 &= T_0^{-1}A[\boldsymbol{p}_1,\ \boldsymbol{p}_2,\ \cdots,\ \boldsymbol{p}_n] \\ &= [T_0^{-1}A\boldsymbol{p}_1,\ T_0^{-1}A\boldsymbol{p}_2,\ \cdots,\ T_0^{-1}A\boldsymbol{p}_n] \end{aligned}$$

となるから

$$T_0^{-1}AT_0 = \left[\begin{array}{c:ccc} \lambda_1 & * & \cdots & * \\ \hdashline 0 & & & \\ \vdots & & B & \\ 0 & & & \end{array}\right] \qquad ①$$

と表すことができる. $B$ は $(n-1)$ 次正方行列であるから, 帰納法の仮定により, $B$ の固有値を $\mu_1, \mu_2, \cdots, \mu_{n-1}$ とおくと

$$S^{-1}BS = \begin{bmatrix} \mu_1 & * & \cdots & \cdots & * \\ & \mu_2 & * & \cdots & * \\ & & \ddots & & \vdots \\ O & & & & \mu_{n-1} \end{bmatrix}$$

となる $(n-1)$ 次正方行列 $S$ が存在する. このとき,

$$P = \left[\begin{array}{c:ccc} 1 & 0 & \cdots & 0 \\ \hdashline 0 & & & \\ \vdots & & S & \\ 0 & & & \end{array}\right] \qquad ②$$

とし, $T = T_0P$ とおけば, この $T$ は正則行列で

$$T^{-1} = P^{-1}T_0^{-1} = \left[\begin{array}{c:ccc} 1 & 0 & \cdots & 0 \\ \hdashline 0 & & & \\ \vdots & & S^{-1} & \\ 0 & & & \end{array}\right] T_0^{-1}$$

となる. したがって, ①, ②より

$$T^{-1}AT = P^{-1}(T_0^{-1}AT_0)P$$

$$= P^{-1}\begin{bmatrix} \lambda_1 & \vdots & * & \cdots & * \\ \cdots & \vdots & \cdots & \cdots & \cdots \\ 0 & \vdots & & & \\ \vdots & \vdots & & B & \\ 0 & \vdots & & & \end{bmatrix}\begin{bmatrix} 1 & \vdots & 0 & \cdots & 0 \\ \cdots & \vdots & \cdots & \cdots & \cdots \\ 0 & \vdots & & & \\ \vdots & \vdots & & S & \\ 0 & \vdots & & & \end{bmatrix}$$

$$= \begin{bmatrix} 1 & \vdots & 0 & \cdots & 0 \\ \cdots & \vdots & \cdots & \cdots & \cdots \\ 0 & \vdots & & & \\ \vdots & \vdots & & S^{-1} & \\ 0 & \vdots & & & \end{bmatrix}\begin{bmatrix} \lambda_1 & \vdots & * & \cdots & * \\ \cdots & \vdots & \cdots & \cdots & \cdots \\ 0 & \vdots & & & \\ \vdots & \vdots & & BS & \\ 0 & \vdots & & & \end{bmatrix}$$

$$= \begin{bmatrix} \lambda_1 & \vdots & * & \cdots & * \\ \cdots & \vdots & \cdots & \cdots & \cdots \\ 0 & \vdots & & & \\ \vdots & \vdots & & S^{-1}BS & \\ 0 & \vdots & & & \end{bmatrix} = \begin{bmatrix} \lambda_1 & * & \cdots & \cdots & * \\ & \mu_1 & * & \cdots & * \\ & & \ddots & & \vdots \\ O & & & & \mu_{n-1} \end{bmatrix}$$

を得る．ここで，上記の等式の最後の行列を $C$ とおくと $T^{-1}AT = C$ となるので，$A$ と $C$ は相似である．ところで，$A$ の固有値は $\{\lambda_1, \lambda_2, \cdots, \lambda_n\}$ で，$C$ の固有値は $\{\lambda_1, \mu_1, \mu_2, \cdots, \mu_{n-1}\}$ である．相似な行列の固有値は一致するから，$A$ と $C$ の固有値は同じになる．そこで，$\lambda_2 = \mu_1, \cdots, \lambda_n = \mu_{n-1}$ としても一般性は失われない．よって

$$T^{-1}AT = \begin{bmatrix} \lambda_1 & * & \cdots & \cdots & * \\ & \lambda_2 & * & \cdots & * \\ & & \ddots & & \vdots \\ O & & & & \lambda_n \end{bmatrix}$$

が得られ，定理は証明された．

**注 1**　$\boldsymbol{p}_1$ を単位ベクトル，$T_0$, $S$ を直交行列にとれば，$T$ は直交行列になる．$A$ を実対称行列とすれば，定理 11.5 が得られる．

**問 12.1**　2 つの正方行列 $A$ と $B$ が相似ならば，$A$ と $B$ は同じ固有値をもつことを示せ．

**例題 12.2**　次の行列 $A$ に対し，適当な正則行列 $T$ を選んで三角化せよ．

$$A=\begin{bmatrix} 2 & 0 & -1 \\ -1 & 1 & 1 \\ 1 & 1 & 1 \end{bmatrix}$$

**解**　固有多項式は $\phi_A(\lambda)=(\lambda-2)(\lambda-1)^2$ であるから，固有値は 2, 1 であり，それらに属するそれぞれの固有ベクトル（の 1 つ）は，$\begin{bmatrix} -1 \\ 1 \\ 0 \end{bmatrix}$, $\begin{bmatrix} 1 \\ -1 \\ 1 \end{bmatrix}$. この 2 つのベクトルと 1 次独立になるように適当にベクトルを 1 つ選ぶ．それを $\begin{bmatrix} 1 \\ 0 \\ 0 \end{bmatrix}$ とする．このとき，$T=\begin{bmatrix} -1 & 1 & 1 \\ 1 & -1 & 0 \\ 0 & 1 & 0 \end{bmatrix}$ とおくと，$T$ は正則行列で

$$T^{-1}AT=\begin{bmatrix} 2 & 0 & 0 \\ 0 & 1 & 1 \\ 0 & 0 & 1 \end{bmatrix}$$

となる．

**問 12.2**　行列 $A=\begin{bmatrix} 5 & 2 \\ -2 & 9 \end{bmatrix}$ に対し，適当な正則行列 $T$ を選んで三角化せよ．

## 12.2　ケーリー・ハミルトンの定理

行列 $A=\begin{bmatrix} 2 & 1 \\ 1 & 2 \end{bmatrix}$ の固有多項式は

$$\phi_A(\lambda)=\lambda^2-4\lambda+3$$

である．この式で $\lambda$ のところを行列 $A$ で置き換え，3 のところを $3E$ とした式に対して

$$\phi_A(A)=A^2-4A+3E=O$$

が成り立つ．この事実は，一般の $n$ 次正方行列に対して成り立つ．それは，

**ケーリー・ハミルトンの定理**として知られている次の定理である．

**定理 12.3**　$n$ 次正方行列 $A$ の固有多項式を

$$\phi_A(\lambda)=\lambda^n+a_1\lambda^{n-1}+\cdots+a_n$$

とすると，これに対して

$$\phi_A(A)=A^n+a_1A^{n-1}+\cdots+a_nE=O$$

が成り立つ．

**証明**　一般の場合も同様に証明することができるので，2 次正方行列の場合について証明する．

2 次正方行列 $A$ の固有多項式を

$$\phi_A(\lambda)=\lambda^2+a_1\lambda+a_2=(\lambda-\alpha)(\lambda-\beta)$$

とおく．行列 $A$ を三角化する．

$$B=T^{-1}AT=\begin{bmatrix}\alpha & * \\ 0 & \beta\end{bmatrix}$$

このとき，

$$\begin{aligned}T^{-1}\phi_A(A)T &= T^{-1}(A^2+a_1A+a_2E)T \\ &=(T^{-1}AT)^2+a_1(T^{-1}AT)+a_2T^{-1}T \\ &=B^2+a_1B+a_2E \\ &=\phi_A(B) \\ &=(B-\alpha E)(B-\beta E) \\ &=\begin{bmatrix}0 & * \\ 0 & \beta-\alpha\end{bmatrix}\begin{bmatrix}\alpha-\beta & * \\ 0 & 0\end{bmatrix}=\begin{bmatrix}0 & 0 \\ 0 & 0\end{bmatrix}=O.\end{aligned}$$

よって，$T^{-1}\phi_A(A)T=O$ を得る．したがって，$n=2$ の場合のとき $\phi_A(A)=O$ が示された．一般の場合も同様に証明することができる．

**例題 12.3**　$A=\begin{bmatrix}1 & 2 & 1 \\ 2 & 5 & 2 \\ 1 & 3 & 2\end{bmatrix}$ のとき，ケーリー・ハミルトンの定理を利用して次を求めよ．

(1) $A^4-8A^3+6A^2+2A+3E$　　　(2) $A^{-1}$

**解**　(1)行列 $A$ の固有多項式は

$$\phi_A(\lambda)=\lambda^3-8\lambda^2+6\lambda-1$$

であるから，

$$A^3-8A^2+6A-E=O. \qquad (*)$$

よって，

$$与式=A(A^3-8A^2+6A-E)+3A+3E$$
$$=3(A+E)=3\begin{bmatrix}2&2&1\\2&6&2\\1&3&3\end{bmatrix}=\begin{bmatrix}6&6&3\\6&18&6\\3&9&9\end{bmatrix}.$$

(2) $|A|=1$ であるから，$A$ は逆行列をもつ．ところで，$(*)$より，

$$E=A^3-8A^2+6A$$

となる．この式の両辺に $A^{-1}$ を掛けると

$$A^{-1}=A^2-8A+6E$$
$$=\begin{bmatrix}6&15&7\\14&35&16\\9&23&11\end{bmatrix}-8\begin{bmatrix}1&2&1\\2&5&2\\1&3&2\end{bmatrix}+6\begin{bmatrix}1&0&0\\0&1&0\\0&0&1\end{bmatrix}$$
$$=\begin{bmatrix}4&-1&-1\\-2&1&0\\1&-1&1\end{bmatrix}.$$

**問 12.3**　$A=\begin{bmatrix}1&0&3\\2&4&1\\1&3&0\end{bmatrix}$ に対して次を求めよ．

(1) $A^3-5A^2$　　(2) $A^{-1}$

## 12.3　ジョルダン標準形

行列によっては対角化できないものがある．12.1節ではそのような行列の三角化を学んだ．ここでは対角化はできないが，三角行列より，より対角行列に近いジョルダン標準形について学ぶ．

**定義 12.2**

$k$ 次正方行列

$$\begin{bmatrix} \lambda & 1 & & O \\ & \lambda & \ddots & \\ & & \ddots & 1 \\ O & & & \lambda \end{bmatrix} \quad (\lambda \text{は複素数})$$

を $\lambda$ に対する $k$ 次の**ジョルダン細胞**といい，$\boldsymbol{J(\lambda,\ k)}$ で表す．なお，1 次のジョルダン細胞は $[\lambda]$ と定義する．例えば，

$$J(\lambda,\ 2)=\begin{bmatrix} \lambda & 1 \\ 0 & \lambda \end{bmatrix},\quad J(\lambda,\ 3)=\begin{bmatrix} \lambda & 1 & 0 \\ 0 & \lambda & 1 \\ 0 & 0 & \lambda \end{bmatrix}$$

はそれぞれ 2 次，3 次のジョルダン細胞である．

**定義 12.3**

いくつかのジョルダン細胞 $J(\lambda_1,\ k_1),\ J(\lambda_2,\ k_2),\ \cdots,\ J(\lambda_p,\ k_p)$ を対角線上に並べてできる次のような行列

$$\begin{bmatrix} J(\lambda_1,\ k_1) & & & O \\ & J(\lambda_2,\ k_2) & & \\ & & \ddots & \\ O & & & J(\lambda_p,\ k_p) \end{bmatrix}$$

を**ジョルダン標準形** (Jordan's normal form) という．ここに，$\lambda_i,\ k_i$ はそれぞれ同じであっても異なっていてもよい．

例えば

$$\begin{bmatrix} \lambda_1 & 0 & 0 & 0 & 0 \\ 0 & \lambda_1 & 0 & 0 & 0 \\ 0 & 0 & \lambda_2 & 1 & 0 \\ 0 & 0 & 0 & \lambda_2 & 0 \\ 0 & 0 & 0 & 0 & \lambda_3 \end{bmatrix}$$

はジョルダン標準形であり

$\lambda_1$ に対する 1 次のジョルダン細胞は 2 個，

$\lambda_2$ に対する2次のジョルダン細胞は1個，

$\lambda_3$ に対する1次のジョルダン細胞は1個

からなっている．

2次のジョルダン標準形のパターンは次の3つである．ただし，$\lambda \neq \mu$ とする．

$$(\text{i})\begin{bmatrix}\lambda & 0\\0 & \mu\end{bmatrix}\quad(\text{ii})\begin{bmatrix}\lambda & 0\\0 & \lambda\end{bmatrix}\quad(\text{iii})\begin{bmatrix}\lambda & 1\\0 & \lambda\end{bmatrix}$$

ジョルダン標準形については次の定理が成り立つ(証明は割愛する).

**定理 12.4**　任意の $n$ 次正方行列 $A$ はあるジョルダン標準形 $J$ に相似である．すなわち，ある正則行列 $T$ が存在して

$$T^{-1}AT=J$$

となる．$J$ はジョルダン細胞の並び方を除けば一意的に定まる．この $J$ のことを $A$ の**ジョルダン標準形**といい，$T$ を**変換行列**という．

ここで，2次正方行列 $A$ が与えられたとき，$A$ のジョルダン標準形の求め方について学ぼう．

**例題 12.5**　行列 $A=\begin{bmatrix}5 & -3\\3 & -1\end{bmatrix}$ のとき，

$$T^{-1}AT=\begin{bmatrix}\lambda & 1\\0 & \lambda\end{bmatrix}$$

の形になるように正則行列 $T$ を1つ求めよ．

**解**　$T^{-1}AT$ と $A$ の固有値は一致するから(問題 12.1)，$\phi_A(\lambda)=(\lambda-2)^2$ より，$\lambda=2$ であることがわかる．そこで，

$$J=T^{-1}AT=\begin{bmatrix}2 & 1\\0 & 2\end{bmatrix}$$

とおくと，

$$AT = TJ \qquad ①$$

である．変換行列を，$T=[\boldsymbol{p}_1,\ \boldsymbol{p}_2]$ とおけば，①から

$$A[\boldsymbol{p}_1,\ \boldsymbol{p}_2]=[\boldsymbol{p}_1,\ \boldsymbol{p}_2]\begin{bmatrix}2 & 1\\0 & 2\end{bmatrix}.$$

よって，

$$\begin{cases}A\boldsymbol{p}_1=2\boldsymbol{p}_1\\A\boldsymbol{p}_2=\boldsymbol{p}_1+2\boldsymbol{p}_2\end{cases} \qquad ②$$

を得る．したがって，この方程式を満たす $\boldsymbol{p}_1, \boldsymbol{p}_2$ を1組求めればよい．$\boldsymbol{p}_1=\begin{bmatrix}x_1\\x_2\end{bmatrix}$，$\boldsymbol{p}_2=\begin{bmatrix}y_1\\y_2\end{bmatrix}$ とおく．$\begin{bmatrix}5 & -3\\3 & -1\end{bmatrix}\begin{bmatrix}x_1\\x_2\end{bmatrix}=2\begin{bmatrix}x_1\\x_2\end{bmatrix}$ の解は $c\begin{bmatrix}1\\1\end{bmatrix}$ ($c$ は任意定数) であるから，$A\boldsymbol{p}_1=2\boldsymbol{p}_1$ の解の1つとして $\boldsymbol{p}_1=\begin{bmatrix}1\\1\end{bmatrix}$ をとる．このとき，②の第2式は

$$\begin{bmatrix}5 & -3\\3 & -1\end{bmatrix}\begin{bmatrix}y_1\\y_2\end{bmatrix}=\begin{bmatrix}1\\1\end{bmatrix}+2\begin{bmatrix}y_1\\y_2\end{bmatrix}$$

となる．この式の解の1つとして $\boldsymbol{p}_2=\begin{bmatrix}1\\2/3\end{bmatrix}$ をとる．ここで，$T=\begin{bmatrix}1 & 1\\1 & 2/3\end{bmatrix}$ とおけば，$T^{-1}AT=\begin{bmatrix}2 & 1\\0 & 2\end{bmatrix}$ となる．

ここで，2次正方行列 $A$ のジョルダン標準形の求め方を整理しておこう．

(1) $A$ の固有値が異なる場合．$A$ は対角化可能であるから，対角化したものがジョルダン標準形である．

(2) $A$ の固有値が異ならない場合．固有値を $\lambda$ とすると，$A$ のジョルダン標準形は $\begin{bmatrix}\lambda & 1\\0 & \lambda\end{bmatrix}$ の形をしているので，例題12.5の方法にしたがって求めればよい．

**問 12.4**　行列 $A=\begin{bmatrix}1 & -3\\ 3 & -5\end{bmatrix}$ のジョルダン標準形とそのときの変換行列 $T$ を求めよ．

3 次以上の正方行列 $A$ のジョルダン標準形を求めるためには，さらにいくつかの準備が必要とするので他書にゆずることにする．

## 演習問題 12

1. 2 次正方行列 $A$ の固有値を $\alpha, \beta$ とする．このとき，$x$ の多項式 $f(x)$ に対して，2 次正方行列 $f(A)$ の固有値は $f(\alpha), f(\beta)$ であることを示せ．

**注**　上記のことは，$n$ 次正方行列に対しても成り立ち「**フロベニウス (Frobenius) の定理**」として知られている．

2. $n$ 次ベキ零行列 $A$ について，$A^n=O$ となることを示せ．

答は巻末（演習問題解答）を参照

## 問の解答

**問 12.1**　$B=T^{-1}AT$ とすると，$\phi_B(\lambda)=|\lambda E-B|$
$=|\lambda E-T^{-1}AT|=|T^{-1}(\lambda E-A)T|=|T^{-1}||\lambda E-A||T|=|\lambda E-A|$.

**問 12.2**　$\phi_A(\lambda)=(\lambda-7)^2$ であるから，固有値は 7（重解）．これに属する固有ベクトル（の 1 つ）は ${}^t[1\ \ 1]$．次に，このベクトルと 1 次独立なベクトルを適当に 1 つ選ぶ．それを ${}^t[1\ \ 0]$ とする．このとき $T=\begin{bmatrix}1 & 1\\ 1 & 0\end{bmatrix}$ とおくと，
$T^{-1}AT=\begin{bmatrix}7 & -2\\ 0 & 7\end{bmatrix}$.

**問 12.3**　(1) $\phi_A(\lambda)=\lambda^3-5\lambda^2-2\lambda-3$ であるから，

$$A^3-5A^2-2A-3E=O. \tag{$*$}$$

よって，$(*)$から

$$与式=A^3-5A^2=2A+3E=\begin{bmatrix}5&0&6\\4&11&2\\2&6&3\end{bmatrix}$$

(2)　$(*)$より，

$$3E=A^3-5A^2-2A$$

となる．この式の両辺に $A^{-1}$ を掛けると

$$A^{-1}=\frac{1}{3}(A^2-5A-2E)=\frac{1}{3}\begin{bmatrix}-3&9&-12\\1&-3&5\\2&-3&4\end{bmatrix}.$$

**問 12.4**　$\phi_A(\lambda)=\lambda^2+4\lambda+4$ より，$\lambda=-2$.

$$T=\begin{bmatrix}1&1\\1&2/3\end{bmatrix},\quad T^{-1}AT=\begin{bmatrix}-2&1\\0&-2\end{bmatrix}.$$

# 付 章
# 内積空間，正射影，スペクトル分解

この付章では，応用上重要であるが，本文の中で述べることができなかった内積空間，正射影，スペクトル分解について述べるので，必要に応じて学ばれるとよい．

## A.1 内積空間

早速定義の話から始めよう．

**定義 A.1**

体 $K$（$\boldsymbol{R}$ または $\boldsymbol{C}$）上のベクトル空間 $V$ の任意のベクトル $\boldsymbol{a}$，$\boldsymbol{b}$ に対して，スカラー $(\boldsymbol{a},\ \boldsymbol{b}) \in K$ が定まり，次の 4 つの条件を満たすとき，$V$ を**内積空間**または**計量ベクトル空間**といい，$(\boldsymbol{a},\ \boldsymbol{b})$ を $\boldsymbol{a}$ と $\boldsymbol{b}$ の**内積**という．なお，内積を表すのに §7 では $\boldsymbol{a}\cdot\boldsymbol{b}$ を用いたが，ここでは記述の関係上 $(\boldsymbol{a},\ \boldsymbol{b})$ を用いることにする．

（i）$K=\boldsymbol{R}$ のとき．

(1) $(\boldsymbol{a}+\boldsymbol{b},\ \boldsymbol{c})=(\boldsymbol{a},\ \boldsymbol{c})+(\boldsymbol{b},\ \boldsymbol{c})$

(2) $(\lambda\boldsymbol{a},\ \boldsymbol{b})=\lambda(\boldsymbol{a},\ \boldsymbol{b})$ $(\lambda \in \boldsymbol{R})$

(3) $(\boldsymbol{a},\ \boldsymbol{b})=(\boldsymbol{b},\ \boldsymbol{a})$

(4) $(\boldsymbol{a},\ \boldsymbol{a}) \geqq 0$ でありかつ $(\boldsymbol{a},\ \boldsymbol{a})=0 \Longleftrightarrow \boldsymbol{a}=\boldsymbol{0}$

（ii）$K=\boldsymbol{C}$ のとき．

(1) $(\boldsymbol{a}+\boldsymbol{b},\ \boldsymbol{c})=(\boldsymbol{a},\ \boldsymbol{c})+(\boldsymbol{b},\ \boldsymbol{c})$

(2) $(\lambda\boldsymbol{a},\ \boldsymbol{b})=\lambda(\boldsymbol{a},\ \boldsymbol{b})$ $(\lambda \in \boldsymbol{C})$

(3) $(\boldsymbol{a},\ \boldsymbol{b})=\overline{(\boldsymbol{b},\ \boldsymbol{a})}$

(4) $(\boldsymbol{a},\ \boldsymbol{a}) \geqq 0$ でありかつ $(\boldsymbol{a},\ \boldsymbol{a})=0 \Longleftrightarrow \boldsymbol{a}=\boldsymbol{0}$

ここに，$\boldsymbol{a}$, $\boldsymbol{b}$, $\boldsymbol{c}$ は $V$ の任意の元で，(ii)の $\overline{(\boldsymbol{b},\ \boldsymbol{a})}$ は共役複素数である．

上記の定義において，$K=\boldsymbol{R}$ のときを**実内積空間**といい，$K=\boldsymbol{C}$ のとき**複素内積空間**という．

**注**　複素内積空間では，$(\boldsymbol{a},\ \lambda\boldsymbol{b})=\overline{\lambda}(\boldsymbol{a},\ \boldsymbol{b})$ である．

**定義 A.2（標準内積）**

$\boldsymbol{R}^n$ の任意のベクトル $\boldsymbol{a}=\begin{bmatrix} a_1 \\ \vdots \\ a_n \end{bmatrix}$, $\boldsymbol{b}=\begin{bmatrix} b_1 \\ \vdots \\ b_n \end{bmatrix}$ に対して，

$$(\boldsymbol{a},\ \boldsymbol{b})=a_1b_1+\cdots+a_nb_n$$

とおくと内積が定義される（各自確かめよ）。　これを $\boldsymbol{R}^n$ の**標準内積**という．　また，$\boldsymbol{C}^n$ のベクトル $\boldsymbol{a}=\begin{bmatrix} a_1 \\ \vdots \\ a_n \end{bmatrix}$, $\boldsymbol{b}=\begin{bmatrix} b_1 \\ \vdots \\ b_n \end{bmatrix}$ に対して，

$$(\boldsymbol{a},\ \boldsymbol{b})=a_1\overline{b_1}+\cdots+a_n\overline{b_n}$$

とおくと内積が定義される．これを $\boldsymbol{C}^n$ の**標準内積**という．

今後，内積空間 $\boldsymbol{R}^n$（または $\boldsymbol{C}^n$）と言えば，標準内積によるものを意味する．

**問 A.1**　閉区間 $I=[a,\ b]$ で定義されている実数値連続関数 $f$，$g$ および実数 $\lambda$ に対し，$x\in I$ における関数値が $f(x)+g(x)$ である関数を $f+g$, $\lambda f(x)$ である関数を $\lambda f$ とする．すなわち，

$$(f+g)(x)=f(x)+g(x),\ (\lambda f)(x)=f(x)+g(x).$$

このとき，$I$ 上で定義されている実数値連続関数全体の集合 $C[a,\ b]$ は $\boldsymbol{R}$ 上のベクトル空間である．

$f,\ g\in C[a,\ b]$ に対して

$$(f,\ g)=\int_a^b f(x)g(x)dx$$

と定義すると，$(f,\ g)$ は内積の 4 つの条件を満たすことを確かめよ．

**定義 A.3（ノルムと角）**

内積空間 $V$ において，$\sqrt{(\boldsymbol{a},\ \boldsymbol{a})}$ をベクトル $\boldsymbol{a}$ の**ノルム**（あるいは**大きさ**，**長さ**）といい，$\|\boldsymbol{a}\|$ で表す．実内積空間において，$\boldsymbol{0}$ でない 2 つのベクトル $\boldsymbol{a}$，$\boldsymbol{b}$ に対して

$$\cos\theta = \frac{(\boldsymbol{a},\ \boldsymbol{b})}{\|\boldsymbol{a}\|\|\boldsymbol{b}\|} \quad (0 \leqq \theta \leqq \pi)$$

によって定まる $\theta$ を $\boldsymbol{a}$ と $\boldsymbol{b}$ のなす角という．

**例題 A.1**

(1) $\boldsymbol{R}^3$ のベクトル $\boldsymbol{a} = \begin{bmatrix} 1 \\ -1 \\ -2 \end{bmatrix}$, $\boldsymbol{b} = \begin{bmatrix} -1 \\ 0 \\ 1 \end{bmatrix}$ の内積，ノルム，およびなす角 $\theta$ を求めよ．

(2) $\boldsymbol{C}^3$ のベクトル $\boldsymbol{a} = \begin{bmatrix} 1+i \\ i \\ 1-i \end{bmatrix}$，$\boldsymbol{b} = \begin{bmatrix} 2i \\ 1-i \\ -1+i \end{bmatrix}$ の内積，ノルムを求めよ．

**解**

(1) $(\boldsymbol{a},\ \boldsymbol{b}) = 1\times(-1)+(-1)\times 0+(-2)\times 1 = -3.$

$$\|\boldsymbol{a}\| = \sqrt{1+(-1)^2+(-2)^2} = \sqrt{6}\,.$$

$$\|\boldsymbol{b}\| = \sqrt{(-1)^2+0+1^2} = \sqrt{2}\,.$$

$$\cos\theta = \frac{(\boldsymbol{a},\ \boldsymbol{b})}{\|\boldsymbol{a}\|\|\boldsymbol{b}\|} = \frac{-3}{\sqrt{2}\sqrt{6}} = -\frac{\sqrt{3}}{2}.\ \text{よって，}\theta = \frac{5}{6}\pi$$

(2)
$$\begin{aligned}(\boldsymbol{a},\ \boldsymbol{b}) &= (1+i)\overline{(2i)}+i\overline{(1-i)}+(1-i)\overline{(-1+i)} \\ &= (1+i)(-2i)+i(1+i)+(1-i)(-1-i) \\ &= -1-i.\end{aligned}$$

$$\begin{aligned}\|\boldsymbol{a}\|^2 = (\boldsymbol{a},\ \boldsymbol{a}) &= (1+i)\overline{(1+i)}+i\overline{(i)}+(1-i)\overline{(1-i)} \\ &= (1+i)(1-i)+i(-i)+(1-i)(1+i) = 5.\end{aligned}$$

よって，$\|\boldsymbol{a}\| = \sqrt{5}\,.$

$$\|\boldsymbol{b}\|^2=(\boldsymbol{b},\ \boldsymbol{b})=(2i)\overline{(2i)}+(1-i)\overline{(1-i)}+(-1+i)\overline{(-1+i)}$$
$$=(2i)(-2i)+(1-i)(1+i)+(-1+i)(-1-i)=8.$$

よって，$\|\boldsymbol{b}\|=2\sqrt{2}$.

**定理 A.1**　$V$ を実内積空間とする．このとき，任意の $\boldsymbol{a},\ \boldsymbol{b}\in V,\ \lambda\in \boldsymbol{R}$ に対して，次が成り立つ．

(1) $\|\lambda\boldsymbol{a}\|=|\lambda|\|\boldsymbol{a}\|$

(2) $|(\boldsymbol{a},\ \boldsymbol{b})|\leqq\|\boldsymbol{a}\|\|\boldsymbol{b}\|$ (シュワルツの不等式)

(3) $\|\boldsymbol{a}+\boldsymbol{b}\|\leqq\|\boldsymbol{a}\|+\|\boldsymbol{b}\|$ (三角不等式)

$\quad|\|\boldsymbol{a}\|-\|\boldsymbol{b}\||\leqq\|\boldsymbol{a}-\boldsymbol{b}\|$

**証明**　(2) と (3) を証明する．

(2) $\boldsymbol{a}=\boldsymbol{0}$ のときは，明らかに成り立つ．

$\boldsymbol{a}\neq\boldsymbol{0}$ ならば，任意の実数 $t$ に対して

$$\|t\boldsymbol{a}-\|\boldsymbol{a}\|\boldsymbol{b}\|^2=(t\boldsymbol{a}-\|\boldsymbol{a}\|\boldsymbol{b},\ t\boldsymbol{a}-\|\boldsymbol{a}\|\boldsymbol{b})$$
$$=t^2\|\boldsymbol{a}\|^2-2\|\boldsymbol{a}\|(\boldsymbol{a},\ \boldsymbol{b})t+\|\boldsymbol{a}\|^2\|\boldsymbol{b}\|^2. \qquad ①$$

①を $t$ の 2 次式とみなすと，①は常に 0 以上である (等式の左端が非負であるから)．

よって，①の判別式を $D$ とおくと

$$D=(\|\boldsymbol{a}\|(\boldsymbol{a},\ \boldsymbol{b}))^2-\|\boldsymbol{a}\|^2\|\boldsymbol{a}\|^2\|\boldsymbol{b}\|^2\leqq 0$$

でなくてはならない．$\boldsymbol{a}\neq\boldsymbol{0}$ であるから，

$$\|\boldsymbol{a}\|^2\|\boldsymbol{b}\|^2\geqq(\boldsymbol{a},\ \boldsymbol{b})^2$$

したがって，$\|\boldsymbol{a}\|\|\boldsymbol{b}\|\geqq 0$ より，

$$\|\boldsymbol{a}\|\|\boldsymbol{b}\|\geqq|(\boldsymbol{a},\ \boldsymbol{b})|$$

を得る．

(3)　$(\|\boldsymbol{a}\|+\|\boldsymbol{b}\|)^2-\|\boldsymbol{a}+\boldsymbol{b}\|^2$

$$=\|\boldsymbol{a}\|^2+2\|\boldsymbol{a}\|\|\boldsymbol{b}\|+\|\boldsymbol{b}\|^2-(\|\boldsymbol{a}\|^2+2(\boldsymbol{a},\ \boldsymbol{b})$$
$$+\|\boldsymbol{b}\|^2)=2(\|\boldsymbol{a}\|\|\boldsymbol{b}\|-(\boldsymbol{a},\ \boldsymbol{b}))\geqq 0 \quad ((2)\text{ より})$$

よって,

$$(\|\boldsymbol{a}\|+\|\boldsymbol{b}\|)^2 \geqq \|\boldsymbol{a}+\boldsymbol{b}\|^2.$$

したがって,

$$(\|\boldsymbol{a}\|+\|\boldsymbol{b}\|) \geqq \|\boldsymbol{a}+\boldsymbol{b}\|.$$

同様にして

$$(\|\boldsymbol{a}\|-\|\boldsymbol{b}\|)^2-\|\boldsymbol{a}-\boldsymbol{b}\|^2=-2(\|\boldsymbol{a}\|\|\boldsymbol{b}\|-(\boldsymbol{a},\ \boldsymbol{b}))\leqq 0.$$

よって,

$$\|\boldsymbol{a}-\boldsymbol{b}\| \geqq \|\boldsymbol{a}\|-\|\boldsymbol{b}\|.$$

**問 A.2** 複素内積空間において,次の等式が成り立つことを示せ.

$$\|\boldsymbol{a}+\boldsymbol{b}\|^2-(\|\boldsymbol{a}\|^2+\|\boldsymbol{b}\|^2)=(\boldsymbol{a},\ \boldsymbol{b})+(\boldsymbol{b},\ \boldsymbol{a})$$

## A.2 直交補空間

**定義 A.4**

内積空間 $V$ において,2 つのベクトル $\boldsymbol{a}$, $\boldsymbol{b}$ が $(\boldsymbol{a},\ \boldsymbol{b})=0$ のとき,$\boldsymbol{a}$ と $\boldsymbol{b}$ は互いに**直交する**といい, $\boldsymbol{a}\perp\boldsymbol{b}$ と表す.0 でないベクトル $\boldsymbol{a}_1$, $\boldsymbol{a}_2$, $\cdots$, $\boldsymbol{a}_n$ が互いに直交するとき,$\{\boldsymbol{a}_1,\ \boldsymbol{a}_2,\ \cdots,\ \boldsymbol{a}\}$ を**直交系**という.

$\{\boldsymbol{a}_1,\ \boldsymbol{a}_2,\ \cdots,\ \boldsymbol{a}_n\}$ が直交系であって,さらにノルムが 1 であるとき,$\{\boldsymbol{a}_1,\ \boldsymbol{a}_2,\ \cdots,\ \boldsymbol{a}_n\}$ を**正規直交系**という.これらのことは,§8 の中での話の一般化である.

**問 A.3** 内積空間 $C[-\pi,\ \pi]$ において

$$\left\{\frac{1}{\sqrt{2\pi}},\ \frac{1}{\sqrt{\pi}}\cos x,\ \frac{1}{\sqrt{\pi}}\sin x,\ \frac{1}{\sqrt{\pi}}\cos 2x,\ \frac{1}{\sqrt{\pi}}\sin 2x,\ \cdots,\ \frac{1}{\sqrt{\pi}}\cos nx,\ \frac{1}{\sqrt{\pi}}\sin nx\right\}$$

は正規直交系であることを示せ.

内積空間 $V$ のベクトルの集合 $W$ に対して，$\boldsymbol{a}\ (\in V)$ が $W$ の元と直交するとき，$\boldsymbol{a} \perp W$ と書く．

$W$ に直交する $V$ のベクトル全体の集合，すなわち

$$\{\boldsymbol{a} \in V \mid \boldsymbol{a} \perp W\}$$

は $V$ の部分空間になる．これを，$W$ の**直交補空間**といい，$W^{\perp}$ で表す．

**問 A.4**　$W^{\perp}$ が部分空間であることを示せ．

**例題 A.2**　内積空間 $R^3$ でベクトル $\boldsymbol{a} = {}^t[1 \ \ 1 \ \ 1]$ の張る部分空間 $W$ の直交補空間 $W^{\perp}$ の基底と次元を求めよ．

**解**　$\boldsymbol{x} = {}^t[x \ \ y \ \ z] \in W^{\perp}$ とすると，$\boldsymbol{x} \perp \boldsymbol{a}$ であるから，$1 \cdot x + 1 \cdot y + 1 \cdot z = 0$ である．

よって，

$$\begin{bmatrix} x \\ y \\ z \end{bmatrix} = \begin{bmatrix} x \\ y \\ -x-y \end{bmatrix} = x\begin{bmatrix} 1 \\ 0 \\ -1 \end{bmatrix} + y\begin{bmatrix} 0 \\ 1 \\ -1 \end{bmatrix}.$$

したがって，$W^{\perp}$ での基底は $\begin{bmatrix} 1 \\ 0 \\ -1 \end{bmatrix}, \begin{bmatrix} 0 \\ 1 \\ -1 \end{bmatrix}$ であり，$\dim W^{\perp} = 2$ である．

ここで，記号の約束をしよう．

$$W_1 + W_2 = \{\boldsymbol{w} = \boldsymbol{w}_1 + \boldsymbol{w}_2 \mid \boldsymbol{w}_1 \in W_1,\ \boldsymbol{w}_2 \in W_2\}$$

と定める．これを，$W_1$ と $W_2$ の**和**という．

和 $W = W_1 + W_2$ において，任意の $\boldsymbol{a} \in W$ が

$$\boldsymbol{a} = \boldsymbol{b} + \boldsymbol{c} \ \ (\boldsymbol{b} \in W_1,\ \boldsymbol{c} \in W_2)$$

の形に一意的に表されるとき，$W$ は $W_1$ と $W_2$ の**直和**であるといい，$W = W_1 \oplus W_2$ と表す．

**問 A.5** $W_1 \cap W_2 = \{0\}$ ならば，$W = W_1 + W_2$ の任意のベクトル $\boldsymbol{a}$ は $\boldsymbol{a} = \boldsymbol{b} + \boldsymbol{c}$ $(\boldsymbol{b} \in W_1,\ \boldsymbol{c} \in W_2)$ と一意的に表されることを示せ．

**定理 A.2** $W_1$, $W_2$ を $K$ 上の内積空間 $V$ の部分空間とする．このとき，次が成り立つ．

(1) $W_1 \subset (W_1^{\perp})^{\perp}$

(2) $W_1 \subset W_2$ ならば，$W_2^{\perp} \subset W_1^{\perp}$

(3) $W_1 \cap W_1^{\perp} = \{\boldsymbol{0}\}$

(4) $V$ が有限次元ならば，$V = W_1 \oplus W_1^{\perp}$

**証 明** (1) $\boldsymbol{a} \in W_1$ ならば，任意の $\boldsymbol{b} \in W_1^{\perp}$ に対し $\boldsymbol{a} \perp \boldsymbol{b}$．よって，$\boldsymbol{a} \in (W_1^{\perp})^{\perp}$．したがって，$W_1 \subset (W_1^{\perp})^{\perp}$．

(2) $\boldsymbol{a} \in W_2^{\perp}$ とし，$\boldsymbol{b}$ を $W_1$ の任意のベクトルとする．$W_1 \subset W_2$ であるから，$\boldsymbol{a} \perp \boldsymbol{b}$．したがって，$\boldsymbol{a} \in W_1^{\perp}$．

このことは $W_2^{\perp} \subset W_1^{\perp}$ であることを示している．

(3) $\boldsymbol{a} \in W_1 \cap W_1^{\perp}$ ならば，$\boldsymbol{a} \in W_1$ かつ $\boldsymbol{a} \in W_1^{\perp}$．

よって，$(\boldsymbol{a}, \boldsymbol{a}) = 0$．すなわち，$\|\boldsymbol{a}\| = 0$．したがって，$\boldsymbol{a} = \boldsymbol{0}$．

(4) $W_1 \cap W_1^{\perp} = \{\boldsymbol{0}\}$ かつ $V = W_1 \oplus W_1^{\perp}$ であることを示せばよい．

前者は(3)で示されているので，後者の等式が成り立つことを示せばよい．

$\dim V = n$, $\dim W_1 = m$ $(m < n)$ とする．$V$ の任意の基底から，グラムシュミットの正規直交化法によって，$V$ の正規直交基底を作ることができる．

そこで，$V$ の正規直交基底 $\{\boldsymbol{a}_1, \boldsymbol{a}_2, \cdots, \boldsymbol{a}_n\}$ を最初の $m$ 項が $W_1$ の基底になるように選ぶ．

任意の $\boldsymbol{x} \in V$ は

$$\boldsymbol{x} = (\lambda_1 \boldsymbol{a}_1 + \lambda_2 \boldsymbol{a}_2 + \cdots + \lambda_m \boldsymbol{a}_m) + (\lambda_{m+1} \boldsymbol{a}_{m+1} + \cdots + \lambda_n \boldsymbol{a}_n)$$
$$(\lambda_1,\ \cdots,\ \lambda_m \in K)$$

と表される．右辺の第 1 項は $W_1$ の元である．第 2 項は，$\boldsymbol{a}_1, \boldsymbol{a}_2, \cdots, \boldsymbol{a}_m$ のおのおのとの内積が 0 であるから，それらの任意の 1 次結合である $W_1$ の任意の元と直交する．よって，$\lambda_{m+1}\boldsymbol{a}_{m+1}+\cdots+\lambda_n\boldsymbol{a}_n \in \boldsymbol{W}_1{}^{\perp}$.
したがって，任意の $\boldsymbol{x}\in \boldsymbol{V}$ は $\boldsymbol{W}_1$ の元と $\boldsymbol{W}_1{}^{\perp}$ の元の和として表される．
また，$\boldsymbol{W}_1 \cap \boldsymbol{W}_1{}^{\perp}=\{\boldsymbol{0}\}$ であるから，問 A.5 から，$\boldsymbol{V} = \boldsymbol{W}_1 \oplus \boldsymbol{W}_1{}^{\perp}$ であることがわかる．

上記の定理の証明から，次の結果がただちに得られる．

**系 A.3**　$\boldsymbol{W}$ を有限次元の内積空間 $\boldsymbol{V}$ の部分空間とするならば，次が成り立つ．

$$\dim \boldsymbol{V} = \dim \boldsymbol{W} + \dim \boldsymbol{W}^{\perp}.$$

**問 A.6**　$\boldsymbol{W}$ を有限次元の内積空間 $\boldsymbol{V}$ の部分空間とするならば，$(\boldsymbol{W}^{\perp})^{\perp} = \boldsymbol{W}$ となることを示せ．

## A.3　正射影

$\boldsymbol{W}$ を有限次元の内積空間 $\boldsymbol{V}$ の部分空間とするならば，$\boldsymbol{V}$ の任意の元 $\boldsymbol{a}$ は

$$\boldsymbol{a} = \boldsymbol{b}+\boldsymbol{c} \ (\boldsymbol{b}\in \boldsymbol{W},\ \boldsymbol{c}\in \boldsymbol{W}^{\perp}) \qquad ①$$

と一意的に表されることが定理 A.2(4) よりわかる．

このとき，$\boldsymbol{b}$ を $\boldsymbol{a}$ の $\boldsymbol{W}$ への**正射影**という．

例えば，内積空間 $\boldsymbol{R}^2$ において，$W=\left\{\begin{bmatrix} x \\ 0 \end{bmatrix} \middle| x\in \boldsymbol{R}\right\}$ とすると，$W^{\perp}=\left\{\begin{bmatrix} 0 \\ y \end{bmatrix} \middle| y\in \boldsymbol{R}\right\}$ である．このとき，$\boldsymbol{a}=\begin{bmatrix} 2 \\ 1 \end{bmatrix}$ の $\boldsymbol{W}$ への正射影を求めてみよう．

$$\boldsymbol{a}=\begin{bmatrix}2\\0\end{bmatrix}+\begin{bmatrix}0\\1\end{bmatrix}\quad\left(\begin{bmatrix}2\\0\end{bmatrix}\in W,\ \begin{bmatrix}0\\1\end{bmatrix}\in W^{\perp}\right)$$

と一意的に表現できるから，$\boldsymbol{a}$ の W への正射影は $\boldsymbol{b}=\begin{bmatrix}2\\0\end{bmatrix}$ である．

次に，$\boldsymbol{b}$ をベクトル空間 $\boldsymbol{V}$ の正規直交基底を用いて表すことを考えてみよう．

**補助定理 A.4**　$\{\boldsymbol{u}_1,\ \boldsymbol{u}_2,\ \cdots,\ \boldsymbol{u}_n\}$ を $\boldsymbol{n}$ 次元の内積空間 $\boldsymbol{V}$ の正規直交基底とする．このとき，任意の $\boldsymbol{b}\in\boldsymbol{V}$ に対して，次の等式が成り立つ．

$$\boldsymbol{b}=(\boldsymbol{b},\ \boldsymbol{u}_1)\boldsymbol{u}_1+(\boldsymbol{b},\ \boldsymbol{u}_2)\boldsymbol{u}_2+\cdots+(\boldsymbol{b},\ \boldsymbol{u}_n)\boldsymbol{u}_n$$

**証明**　$\{\boldsymbol{u}_1,\ \boldsymbol{u}_2,\ \cdots,\ \boldsymbol{u}_n\}$ は $\boldsymbol{V}$ の基底であるから，任意の $\boldsymbol{b}\in\boldsymbol{V}$ は，

$$\boldsymbol{b}=c_1\boldsymbol{u}_1+c_2\boldsymbol{u}_2+\cdots+c_n\boldsymbol{u}_n$$

と一意的に表される．　ここで，$\boldsymbol{b}$ と $\boldsymbol{u}_k$ の内積をとる．
$(\boldsymbol{u}_i,\ \boldsymbol{u}_j)=0\ (i\neq j)$ であるから，

$$(\boldsymbol{b},\ \boldsymbol{u}_k)=c_1(\boldsymbol{u}_1,\ \boldsymbol{u}_k)+\cdots+c_k(\boldsymbol{u}_k,\ \boldsymbol{u}_k)\boldsymbol{u}_k+\cdots+c_n(\boldsymbol{u}_n,\ \boldsymbol{u}_k)=c_k$$

となる．よって，求める結果が得られる．

**定理 A.5**　$U$ を $n$ 次元の内積空間 $V$ の部分空間とし，$\boldsymbol{b}$ を $\boldsymbol{a}$ の $U$ への正射影とする．このとき，$\{\boldsymbol{u}_1,\ \boldsymbol{u}_2,\ \cdots,\ \boldsymbol{u}_m\}$ が $U$ の正規直交基底ならば，$\boldsymbol{b}$ は次式で表される．

$$\boldsymbol{b}=(\boldsymbol{a},\ \boldsymbol{u}_1)\boldsymbol{u}_1+(\boldsymbol{a},\ \boldsymbol{u}_2)\boldsymbol{u}_2+\cdots+(\boldsymbol{a},\ \boldsymbol{u}_m)\boldsymbol{u}_m \qquad ③$$

**証明**　$\boldsymbol{b}$ は $\boldsymbol{a}$ の $U$ への正射影であるから

$$\boldsymbol{a}=\boldsymbol{b}+\boldsymbol{c}\quad(\boldsymbol{b}\in U,\ \boldsymbol{c}\in U^{\perp})$$

と一意的に表される．ところで，$\boldsymbol{b}$ は，補助定理 A.4 より

$$\boldsymbol{b}=(\boldsymbol{b},\ \boldsymbol{u}_1)\boldsymbol{u}_1+(\boldsymbol{b},\ \boldsymbol{u}_2)\boldsymbol{u}_2+\cdots+(\boldsymbol{b},\ \boldsymbol{u}_m)\boldsymbol{u}_m$$

と書くことができる．

ここで，$\boldsymbol{b}=\boldsymbol{a}-\boldsymbol{c}$ であることを用いると

$$\begin{aligned}\boldsymbol{b}&=(\boldsymbol{a}-\boldsymbol{c},\ \boldsymbol{u}_1)\boldsymbol{u}_1+(\boldsymbol{a}-\boldsymbol{c},\ \boldsymbol{u}_2)\boldsymbol{u}_2+\cdots+(\boldsymbol{a}-\boldsymbol{c},\ \boldsymbol{u}_m)\boldsymbol{u}_m\\&=(\boldsymbol{a},\ \boldsymbol{u}_1)\boldsymbol{u}_1+(\boldsymbol{a},\ \boldsymbol{u}_2)\boldsymbol{u}_2+\cdots+(\boldsymbol{a},\ \boldsymbol{u}_m)\boldsymbol{u}_m\\&\qquad-((\boldsymbol{c},\ \boldsymbol{u}_1)\boldsymbol{u}_1+(\boldsymbol{c},\ \boldsymbol{u}_2)\boldsymbol{u}_2+\cdots+(\boldsymbol{c},\ \boldsymbol{u}_m)\boldsymbol{u}_m).\end{aligned}$$

ところで，$\boldsymbol{c}\in U^{\perp}$ であるから，$(\boldsymbol{c},\ \boldsymbol{u}_i)=0\ (i=1,\cdots,m)$．よって，③が得られる．

定理 A.5 から，$\boldsymbol{b}$ が③の形で表されるならば，$\boldsymbol{b}$ の一意性より，$\boldsymbol{b}$ は $\boldsymbol{a}$ の $U$ への正射影であることがわかる．

**例題A.3**　内積空間 $\boldsymbol{R}^3$ において，$\boldsymbol{a}=\begin{bmatrix}1\\0\\2\end{bmatrix}$ および部分空間 $U=\mathrm{span}\left[\begin{bmatrix}1\\1\\1\end{bmatrix},\ \begin{bmatrix}1\\2\\3\end{bmatrix}\right]$ に対し，$\boldsymbol{a}$ の $U$ への正射影を求めよ．

**解**　$\boldsymbol{b}$ を $\boldsymbol{a}$ の $U$ への正射影とする．$U$ の正規直交基底を $\{\boldsymbol{u}_1,\ \boldsymbol{u}_2\}$ とすると，定理 A.5 より，

$$\boldsymbol{b}=(\boldsymbol{a},\ \boldsymbol{u}_1)\boldsymbol{u}_1+(\boldsymbol{a},\ \boldsymbol{u}_2)\boldsymbol{u}_2$$

と表すことができる．

よって，正規直交基底 $\{\boldsymbol{u}_1,\ \boldsymbol{u}_2\}$ を求めればよい．例題 8.6 より，

$$\boldsymbol{u}_1=\frac{1}{\sqrt{3}}\begin{bmatrix}1\\1\\1\end{bmatrix},\quad \boldsymbol{u}_2=\frac{1}{\sqrt{2}}\begin{bmatrix}-1\\0\\1\end{bmatrix}$$

また，$(\boldsymbol{a},\ \boldsymbol{u}_1)=\sqrt{3}$，$(\boldsymbol{a},\ \boldsymbol{u}_2)=\dfrac{1}{\sqrt{2}}$．よって，

$$\boldsymbol{b}=\sqrt{3}\,\frac{1}{\sqrt{3}}\begin{bmatrix}1\\1\\1\end{bmatrix}+\frac{1}{\sqrt{2}}\,\frac{1}{\sqrt{2}}\begin{bmatrix}-1\\0\\1\end{bmatrix}=\frac{1}{2}\begin{bmatrix}1\\2\\3\end{bmatrix}.$$

$W$ を内積空間 $\boldsymbol{R}^n$ の部分空間とする．$\boldsymbol{R}^n$ の元 $\boldsymbol{a}$ に対し，それの $W$ への正射影を $\boldsymbol{b}$ とすると

$$\boldsymbol{a} = \boldsymbol{b} + \boldsymbol{c} \quad (\boldsymbol{b} \in W,\ \boldsymbol{c} \in W^{\perp})$$

と一意的に表すことができる．そこで，$\boldsymbol{R}^n$ の各元 $\boldsymbol{a}$ に対し，その $W$ への正射影を対応させる写像を $P$ とする．すなわち，

$$P : \boldsymbol{a} \to P\boldsymbol{a} = \boldsymbol{b}.$$

この写像 $P$ を $W$ への**正射影**(行列，作用素)あるいは**直交射影**(行列，作用素)という．このとき，次の重要な定理が成り立つ．

**定理 A.6**　$U$ を内積空間 $\boldsymbol{R}^n$ の部分空間とし，$\{\boldsymbol{u}_1, \boldsymbol{u}_2, \cdots, \boldsymbol{u}_m\}$ を $U$ の任意の正規直交基底とする．$n \times m$ 行列 $T$ を $T = [\boldsymbol{u}_1, \boldsymbol{u}_2, \cdots, \boldsymbol{u}_m]$ と定義すると，$P = T\,{}^tT$ は $U$ への正射影である．

**証明**　$\boldsymbol{a} \in \boldsymbol{R}^n$ とする．このとき，

$$\begin{aligned} P &= (T\,{}^tT)\boldsymbol{a} = T({}^tT\boldsymbol{a}) \\ &= [\boldsymbol{u}_1, \boldsymbol{u}_2, \cdots, \boldsymbol{u}_m]\,{}^t[(\boldsymbol{a}, \boldsymbol{u}_1), (\boldsymbol{a}, \boldsymbol{u}_2), (\boldsymbol{a}, \boldsymbol{u}_m)] \\ &= (\boldsymbol{a}, \boldsymbol{u}_1)\boldsymbol{u}_1 + (\boldsymbol{a}, \boldsymbol{u}_2)\boldsymbol{u}_2 + \cdots + (\boldsymbol{a}, \boldsymbol{u}_m)\boldsymbol{u}_m. \end{aligned}$$

よって，③より，$P$ は $U$ への正射影であることがわかる．

**例題 A.4**　内積空間 $\boldsymbol{R}^3$ の部分空間

$$U = \mathrm{span}\left[\begin{bmatrix}1\\1\\1\end{bmatrix}, \begin{bmatrix}1\\2\\3\end{bmatrix}\right]$$

への正射影を求めよ．

**解**　例題 8.6 より，$\boldsymbol{u}_1 = \dfrac{1}{\sqrt{3}}\begin{bmatrix}1\\1\\1\end{bmatrix}$，$\boldsymbol{u}_2 = \dfrac{1}{\sqrt{2}}\begin{bmatrix}-1\\0\\1\end{bmatrix}$ は $U$ の正規直交基底である．よって，部分空間 $U$ への正射影 $P$ は $T = [\boldsymbol{u}_1, \boldsymbol{u}_2]$ を用いて次のように求められる．

$$
\begin{aligned}
P &= T\,{}^tT \\
&= \begin{bmatrix} 1/\sqrt{3} & -1/\sqrt{2} \\ 1/\sqrt{3} & 0 \\ 1/\sqrt{3} & 1/\sqrt{2} \end{bmatrix} \begin{bmatrix} 1/\sqrt{3} & 1/\sqrt{3} & 1/\sqrt{3} \\ -1/\sqrt{2} & 0 & 1/\sqrt{2} \end{bmatrix} \\
&= \frac{1}{6}\begin{bmatrix} 5 & 2 & -1 \\ 2 & 2 & 2 \\ -1 & 2 & 5 \end{bmatrix}.
\end{aligned}
$$

**問 A.7**　内積空間 $\boldsymbol{R}^3$ の部分空間 $U=\mathrm{span}\left[\begin{bmatrix}2\\1\\3\end{bmatrix}\right]$ への正射影（行列）を求めよ．

**定理 A.7**　$\boldsymbol{R}^n$ から $\boldsymbol{R}^n$ への線形変換 $P$ が正射影ならば，次が成り立つ．

(1) $P^2=P$（ベキ等）

(2) ${}^tP=P$（対称行列）

逆に，$\boldsymbol{R}^n$ の線形変換 $P$ が (1)，(2) を満たすならば，$P$ は $P$ の像空間 $(\mathrm{Ran}\,P)$ への正射影である．

**証明**　(1) $P$ を $\boldsymbol{R}^n$ の部分空間 $U$ への正射影とすると，任意の $\boldsymbol{a}\in\boldsymbol{R}^n$ に対して，$P\boldsymbol{a}\in\boldsymbol{U}$．また，$\boldsymbol{b}\in U$ に対しては，$P\boldsymbol{b}=\boldsymbol{b}$ である．よって，任意の $\boldsymbol{a}\in\boldsymbol{R}^n$ に対して，

$$P^2\boldsymbol{a}=P(P\boldsymbol{a})=P\boldsymbol{a}\quad (P\boldsymbol{a}\in U \text{ であるから})$$

したがって，$P^2=P$．

(2) 定理 A.6 により，$P=T\,{}^tT$ と書くことができる．よって，

$${}^tP={}^t(T\,{}^tT)={}^t({}^tT)\,{}^tT=T\,{}^tT=P.$$

逆に, P が(1),(2)を満たすとしよう．

このとき，任意の $\boldsymbol{a}\in\boldsymbol{R}^n$ に対して，$\boldsymbol{a}$ を

$$\boldsymbol{a}=P\boldsymbol{a}+(\boldsymbol{a}-P\boldsymbol{a})$$

とあらわすとき，$\boldsymbol{a}-P\boldsymbol{a} \perp \operatorname{Ran} P$ である．ここで，そのことを示そう．

$\operatorname{Ran} P$ の任意の元は $P\boldsymbol{x}$ ($\boldsymbol{x} \in \boldsymbol{R}^n$) と表される．(1), (2)の性質を用いると

$$
\begin{aligned}
(P\boldsymbol{x},\ \boldsymbol{a}-P\boldsymbol{a}) &= (\boldsymbol{x},\ {}^tP(\boldsymbol{a}-P\boldsymbol{a})) = (\boldsymbol{x},\ P\boldsymbol{a}-P^2\boldsymbol{a}) \\
&= (\boldsymbol{x},\ P\boldsymbol{a}-P\boldsymbol{a}) = 0
\end{aligned}
$$

となり，$\boldsymbol{a}-P\boldsymbol{a} \perp \operatorname{Ran} P$ が示された．

したがって，

$$
\boldsymbol{a} = P\boldsymbol{a}+(\boldsymbol{a}-P\boldsymbol{a}) \ (P\boldsymbol{a} \in \operatorname{Ran} P,\ \boldsymbol{a}-P\boldsymbol{a} \in (\operatorname{Ran} P)^{\perp}).
$$

これは，①の表示であり，$P$ は $\operatorname{Ran} P$ への正射影であることがわかる．

## A.4　スペクトル分解

ここでは，$n$ 次対称行列 $A$ を正射影を用いて分解することを学ぶ．

最初に定理を述べ，次にその具体例を示し，その後，定理の証明という順序で話を進めることにする．

**定理 A.8**　$A$ を $n$ 次実対称行列とする．$A$ の相異なる固有値を $\lambda_j$ $(1 \leqq j \leqq l)$，各固有空間への正射影を $P_j$ とする．このとき，$A$ は

$$
A = \lambda_1 P_1 + \lambda_2 P_2 + \cdots + \lambda_l P_l
$$

と表される．この表示を $A$ の**スペクトル分解**という．

**例題 A.6**　対称行列 $A = \begin{bmatrix} 2 & 2 \\ 2 & 5 \end{bmatrix}$ をスペクトル分解の形で表せ．

**解**　行列 $A$ の固有値は 1 と 6 で，1 に属する大きさ 1 の固有ベクトルは $\boldsymbol{u}_1 = \dfrac{1}{\sqrt{5}}\begin{bmatrix} 2 \\ -1 \end{bmatrix}$，6 に属する大きさ 1 の固有ベクトルは $\boldsymbol{u}_2 = \dfrac{1}{\sqrt{5}}\begin{bmatrix} 1 \\ 2 \end{bmatrix}$ であり，これらは互いに直交するから，正規直交系になっている．

次に，固有空間 $W(1) = \operatorname{Ker}(E-A)$，$W(6) = \operatorname{Ker}(6E-A)$ への正射影を

それぞれ $P_1$, $P_2$ とすると，定理 A.6 より，

$$P_1=[\boldsymbol{u}_1]\,{}^t[\boldsymbol{u}_1]=\frac{1}{5}\begin{bmatrix}2\\-1\end{bmatrix}\begin{bmatrix}2 & -1\end{bmatrix}=\frac{1}{5}\begin{bmatrix}4 & -2\\-2 & 1\end{bmatrix},$$

$$P_2=[\boldsymbol{u}_2]\,{}^t[\boldsymbol{u}_2]=\frac{1}{5}\begin{bmatrix}1\\2\end{bmatrix}\begin{bmatrix}1 & 2\end{bmatrix}=\frac{1}{5}\begin{bmatrix}1 & 2\\2 & 4\end{bmatrix}$$

である．よって，求めるスペクトル分解は，定理 A.8 から，

$$A=\begin{bmatrix}2 & 2\\2 & 5\end{bmatrix}=\frac{1}{5}\begin{bmatrix}4 & -2\\-2 & 1\end{bmatrix}+\frac{6}{5}\begin{bmatrix}1 & 2\\2 & 4\end{bmatrix}$$

すなわち，$A=P_1+6P_2$ である．

**定理の証明**　$n$ 次対称行列 $A$ は，定理 11.5 より，直交行列で対角化できる．

$U$ の各列ベクトルは $A$ の固有ベクトルであり，同じ固有値ごとにまとめられて並んでいるとしてよい．

$A$ の相異なる固有値 $\lambda_j$ $(j=1,2,\cdots,l)$ とすると，$U$ はブロック行列で

$$U=[U_1,\ \cdots,\ U_j,\ \cdots,\ U_l]$$

と表される．このとき，各 $j\,(j=1,2,\cdots,l)$ に対して，次が成り立つ．

(1) $\mathrm{span}(U_j)\subset Ker(\lambda_j E-A)$

(2) $\mathrm{Ker}(\lambda_i E-A)\perp\mathrm{Ker}(\lambda_j E-A)$　$(i\neq j)$

ここで，上記のことと $\mathrm{span}[U_1,\ \cdots,\ U_m]=\boldsymbol{R}^n$ であることに注意すれば

$$\mathrm{span}(U_j)=\mathrm{Ker}(\lambda_j E-A)$$

となっていることがわかる．以上のことから $U_j$ の列ベクトルは，固有空間 $\mathrm{Ker}(\lambda_j E-A)$ の正規直交基底をなすことがわかる．よって，$U$ により，$A$ は次のように対角化される．

$${}^tUAU=\mathrm{diag}\{\lambda_1 E_{m_1},\ \cdots,\ \lambda_l E_{m_l}\} \qquad ①$$

ここに，$m_j=(\lambda_j$ の重複度$)=\dim(\mathrm{Ker}(\lambda_j E-A))$.

①から，

$$
\begin{aligned}
A &= U\,\mathrm{diag}\{\lambda_1 E_{m_1},\ \cdots,\ \lambda_l E_{m_l}\}\,{}^tU \\
&= \lambda_1 U_1\,{}^tU_1 + \lambda_2 U_2\,{}^tU_2 + \cdots + \lambda_l U_l\,{}^tU_l \\
&= \lambda_1 P_1 + \lambda_2 P_2 + \cdots + \lambda_l P_l
\end{aligned}
$$

ここに，$P_j = U_j\,{}^tU_j$ とする．$P_j$ は $\mathrm{Ker}(\lambda_j E - A)$ への正射影である．以上で証明は完了した．

**系 A.9** $A$ を $n$ 次実対称行列とし，

$$A = \lambda_1 P_1 + \lambda_2 P_2 + \cdots + \lambda_l P_l$$

を $A$ のスペクトル分解とする．このとき，次が成り立つ．

(1) $E_n = P_1 + P_2 + \cdots + P_l$.

(2) $P_i P_j = O_n\ (1 \leqq i,\ j \leqq l,\ i \neq j)$

**証明** (1) $U$ は定理 A.8 の証明中の直交行列でとする．

$$
\begin{aligned}
E_n = U\,{}^tU &= [U_1,\ \cdots,\ U_l]\begin{bmatrix} {}^tU_1 \\ \vdots \\ {}^tU_l \end{bmatrix} \\
&= U_1\,{}^tU_1 + \cdots + U_l\,{}^tU_l \\
&= P_1 + P_2 + \cdots + P_l
\end{aligned}
$$

(2) 各固有空間 $\mathrm{Ker}(\lambda_i E - A)\ (1 \leqq j \leqq l)$ は直交するから，

$$P_i P_j = (U_i\,{}^tU_i)(U_j\,{}^tU_j) = U_i({}^tU_i U_j)\,{}^tU_j = O_n \quad (i \neq j).$$

**問 A.8** 次の対称行列 A をスペクトル分解の形で表せ．

(1) $\begin{bmatrix} 2 & 3 \\ 3 & 2 \end{bmatrix}$ (2) $\begin{bmatrix} 1 & 0 & -1 \\ 0 & 1 & -1 \\ -1 & -1 & 2 \end{bmatrix}$

## 問の解答

**問 A.1**　定積分の性質から明らかである．

**問 A.2**　$\|\boldsymbol{a}+\boldsymbol{b}\|^2=(\boldsymbol{a}+\boldsymbol{b},\ \boldsymbol{a}+\boldsymbol{b})=\|\boldsymbol{a}\|^2+\|\boldsymbol{b}\|^2+(\boldsymbol{a},\ \boldsymbol{b})+(\boldsymbol{b},\ \boldsymbol{a})$ より求める結果が得られる．

**問 A.3**
$$\left(\frac{1}{\sqrt{2\pi}},\ \frac{1}{\sqrt{2\pi}}\right)=\frac{1}{2\pi}\int_{-\pi}^{\pi}dx=1,$$
$$\left(\frac{1}{\sqrt{2\pi}},\ \frac{1}{\sqrt{\pi}}\cos kx\right)=\frac{1}{\sqrt{2}\,\pi}\int_{-\pi}^{\pi}\cos kxdx=0,$$
$$\left(\frac{1}{\sqrt{2\pi}},\ \frac{1}{\sqrt{\pi}}\sin kx\right)=\frac{1}{\sqrt{2}\,\pi}\int_{-\pi}^{\pi}\sin kxdx=0,$$
$$\left(\frac{1}{\sqrt{\pi}}\cos kx,\ \frac{1}{\sqrt{\pi}\cos lx}\right)$$
$$=\frac{1}{\pi}\int_{-\pi}^{\pi}\cos kx\cos lxdx=\begin{cases}1 & (k\neq l)\\ 0 & (k=l),\end{cases}$$
$$\left(\frac{1}{\sqrt{\pi}}\sin kx,\ \frac{1}{\sqrt{\pi}}\sin lx\right)$$
$$=\frac{1}{\pi}\int_{-\pi}^{\pi}\sin kx\sin lxdx=\begin{cases}1 & (k=l)\\ 0 & (k\neq l),\end{cases}$$
$$\left(\frac{1}{\sqrt{\pi}}\cos kx,\ \frac{1}{\sqrt{\pi}}\sin lx\right)$$
$$=\frac{1}{\pi}\int_{-\pi}^{\pi}\cos kx\sin lxdx=0.$$
から正規直交系になることがわかる．

**問 A.4**　$\boldsymbol{a},\ \boldsymbol{b}\in W^{\perp}$ ならば，任意の $\boldsymbol{y}\in W$ に対して，$(\boldsymbol{a},\ \boldsymbol{y})=0$，$(\boldsymbol{b},\ \boldsymbol{y})=0$．$\lambda,\ \mu\in K$ とすると，$(\lambda\boldsymbol{a}+\mu\boldsymbol{b},\ \boldsymbol{y})=\lambda(\boldsymbol{a},\ \boldsymbol{y})+\mu(\boldsymbol{b},\ \boldsymbol{y})=0$ よって，$\lambda\boldsymbol{a}+\mu\boldsymbol{b}\in W^{\perp}$．したがって，$W^{\perp}$ は部分空間である．

**問 A.5** $\boldsymbol{a}=\boldsymbol{b}+\boldsymbol{c}=\boldsymbol{p}+\boldsymbol{q}$ $(\boldsymbol{b},\boldsymbol{q}\in W_1,\ \boldsymbol{c},\boldsymbol{q}\in W_2)$
と表されたとする．このとき，$\boldsymbol{b}-\boldsymbol{p}=\boldsymbol{q}-\boldsymbol{c}\in W_1\cap W_2$．
$W_1\cap W_2=\{\boldsymbol{0}\}$ より，$\boldsymbol{b}-\boldsymbol{p}=\boldsymbol{q}-\boldsymbol{c}=\boldsymbol{0}$．よって，$\boldsymbol{b}=\boldsymbol{p}$ かつ $\boldsymbol{c}=\boldsymbol{q}$．

**問 A.6** $V$ は有限次元であるから，$V=W\oplus W^{\perp}$．よって，任意の $\boldsymbol{a}\in(W^{\perp})^{\perp}\subset V$ は $\boldsymbol{a}=\boldsymbol{b}+\boldsymbol{c}$ $(\boldsymbol{b}\in W,\ \boldsymbol{c}\in W^{\perp})$ と表すことができる．
$\boldsymbol{a}\in(W^{\perp})^{\perp}$ であるから，$\boldsymbol{a}\perp\boldsymbol{c}$ でありまた $\boldsymbol{b}\perp\boldsymbol{c}$ である．
$0=(\boldsymbol{a},\ \boldsymbol{c})=(\boldsymbol{b}+\boldsymbol{c},\ \boldsymbol{c})=(\boldsymbol{b},\ \boldsymbol{c})+(\boldsymbol{c},\ \boldsymbol{c})=\|\boldsymbol{c}\|^2$．
よって，$\|\boldsymbol{c}\|=0$．すなわち，$\boldsymbol{c}=\boldsymbol{0}$．
したがって，$\boldsymbol{a}=\boldsymbol{b}\in W$，このことから，$(W^{\perp})^{\perp}\subset W$ が得られる．一方，定理 A.2(1) より，$W\subset(W^{\perp})^{\perp}$．
よって，$(W^{\perp})^{\perp}=W$ が示された．

**問 A.7** $\boldsymbol{u}=\dfrac{1}{\sqrt{14}}\begin{bmatrix}2\\1\\3\end{bmatrix}$，$T=\dfrac{1}{\sqrt{14}}\begin{bmatrix}2\\1\\3\end{bmatrix}$．$P=T\,{}^tT=\dfrac{1}{14}\begin{bmatrix}4&2&6\\2&1&3\\6&3&9\end{bmatrix}$．

**問 A.8** (1) $A=5P_1-1P_2$．ここに，

$$P_1=\frac{1}{2}\begin{bmatrix}1&1\\1&1\end{bmatrix},\ P_2=\frac{1}{2}\begin{bmatrix}1&-1\\-1&1\end{bmatrix}.$$

(2) 例題 10.2 より，$A$ の固有値は 0, 1, 3．それらに属する大きさ 1 の固有ベクトルは，それぞれ

$$\boldsymbol{u}_1=\frac{1}{\sqrt{3}}\begin{bmatrix}1\\1\\1\end{bmatrix},\quad \boldsymbol{u}_2=\frac{1}{\sqrt{2}}\begin{bmatrix}1\\-1\\0\end{bmatrix},\quad \boldsymbol{u}_3=\frac{1}{\sqrt{6}}\begin{bmatrix}-1\\-1\\2\end{bmatrix}.$$

よって，各固有値に対する正射影をそれぞれ $P_1$, $P_2$, $P_3$ とすると

$$P_1 = \frac{1}{3}\begin{bmatrix}1\\1\\1\end{bmatrix}\begin{bmatrix}1 & 1 & 1\end{bmatrix} = \frac{1}{3}\begin{bmatrix}1 & 1 & 1\\1 & 1 & 1\\1 & 1 & 1\end{bmatrix},$$

$$P_2 = \frac{1}{2}\begin{bmatrix}1\\-1\\0\end{bmatrix}\begin{bmatrix}1 & -1 & 0\end{bmatrix} = \frac{1}{2}\begin{bmatrix}1 & -1 & 0\\-1 & 1 & 0\\0 & 0 & 0\end{bmatrix},$$

$$P_3 = \frac{1}{6}\begin{bmatrix}-1\\-1\\2\end{bmatrix}\begin{bmatrix}-1 & -1 & 2\end{bmatrix} = \frac{1}{6}\begin{bmatrix}1 & 1 & -2\\1 & 1 & -2\\-2 & -2 & 4\end{bmatrix}.$$

よって，

$$A = 0P_1 + 1P_2 + 3P_3.$$

# 演習問題の解答

## 演習問題 1

1. (1) $AB=\begin{bmatrix}20 & 4\\18 & 8\\11 & 10\end{bmatrix}$

(2) $B$ は $(2,\ 2)$ 型で $C$ は $(3,\ 1)$ 型，よって，積は作れない．

(3) $C$ は $(3,\ 1)$ 型で $D$ は $(1,\ 3)$ 型，よって，積は作れて，$CD=\begin{bmatrix}1 & 2 & 1\\2 & 4 & 2\\3 & 6 & 3\end{bmatrix}$

2. $A^n=(aE+D)^n=a^nE+{}_nC_1a^{n-1}D+{}_nC_2a^{n-2}D^2+\cdots+{}_nC_nD^n$.

また，$D=\begin{bmatrix}0 & 1\\0 & 0\end{bmatrix}$ より，$D^2=0$．よって，

$$A^n=a^n\begin{bmatrix}1 & 0\\0 & 1\end{bmatrix}+na^{n-1}\begin{bmatrix}0 & 1\\0 & 0\end{bmatrix}=\begin{bmatrix}a^n & na^{n-1}\\0 & a^n\end{bmatrix}.$$

3. (1) $X=\begin{bmatrix}x & y\\z & w\end{bmatrix}$ とおくと，$AX=\begin{bmatrix}x & y\\0 & 0\end{bmatrix}$，$XA=\begin{bmatrix}x & 0\\z & 0\end{bmatrix}$．$AX=XA$ であるから，$y=0$，$z=0$．したがって，$A=\begin{bmatrix}x & 0\\0 & w\end{bmatrix}$（$x$，$w$ は任意の実数）．

(2) 求める行列 $X$ は任意の行列と可換であるから，(1) より，$X=\begin{bmatrix}x & 0\\0 & w\end{bmatrix}$ としても一般性は失われない．$B=\begin{bmatrix}0 & 1\\0 & 0\end{bmatrix}$ とおくと，$BX=XB$．よって，$w=x$．したがって，求める行列は，$\begin{bmatrix}x & 0\\0 & x\end{bmatrix}=xE$（$x$ は任意の実数）．$xE$ は，明らかに任意の 2 次正方行列と可換である．

4. $A=\begin{bmatrix} x & y \\ z & u \end{bmatrix}$とすると，$A^2=\begin{bmatrix} x^2+yz & (x+u)y \\ (x+u)z & u^2+yz \end{bmatrix}$. $A^2=O$であるから，

$x^2+yz=0$, $(x+u)y=0$, $(x+u)z=0$, $u^2+yz=0$. $x+u\neq 0$とすると，$y=z=0$, $x^2=u^2=0$となって，$A\neq O$反する．よって$x+u=0$.

$x^2=-yz$より，$x=\pm\sqrt{-yz}$, $u=-x=\mp\sqrt{-yz}$.

ただし，$yz\leqq 0$で，$y, z$の少なくとも一方は0でないとする．よって，求める行列は$A=\begin{bmatrix} \pm\sqrt{-yz} & y \\ z & \mp\sqrt{-yz} \end{bmatrix}$. ただし，複合同順で$y, z$は，$yz\leqq 0$かつ$y^2+z^2\neq 0$を満たす任意の実数.

## 演習問題 2

1. $A=\begin{bmatrix} X & Z \\ O & Y \end{bmatrix}$とブロック行列で表す．このとき，

$A^2=\begin{bmatrix} X^2 & XZ+ZY \\ O & Y^2 \end{bmatrix}=\begin{bmatrix} E_2 & T \\ O & -E_2 \end{bmatrix}$. ただし，

$T=\begin{bmatrix} -1 & 7 \\ -11 & -1 \end{bmatrix}$. 次に，$A^3$を求めると，

$A^3=\begin{bmatrix} X & W \\ O & -Y \end{bmatrix}$. ただし，$W=\begin{bmatrix} -4 & 3 \\ 6 & -5 \end{bmatrix}$.

$A^4=E_4$. よって，

$$A^n=\begin{cases} A & (n=4m-3) \\ A^2 & (n=4m-2) \\ A^3 & (n=4m-1) \\ E_4 & (n=4m) \end{cases}.$$ ただし，$m$は自然数.

2. (1) $AB(B^{-1}A^{-1})=A(BB^{-1})A^{-1}=A(E)A^{-1}=E$.

よって，積$AB$は正則で，$(AB)^{-1}=B^{-1}A^{-1}$.

(2) ${}^tA\,{}^t(A^{-1})={}^t(A^{-1}A)={}^tE=E$.

3. 与式は $A\{(A+E)/2\}=E$ および $\{(A+E)/2\}A=E$ と変形できる．よって，$A$ は正則で，$A^{-1}=(A+E)/2$.

## 演習問題 3

1. $$A\sim\begin{bmatrix}1 & 1 & k\\ 0 & k-1 & 1-k\\ 0 & 1-k & 1-k^2\end{bmatrix}\sim\begin{bmatrix}1 & 1 & k\\ 0 & k-1 & 1-k\\ 0 & 0 & 2-k-k^2\end{bmatrix}$$

(1) $k-1=0$ かつ $2-k-k^2=0$. よって，$k=1$.

(2) $k-1\neq 0$ かつ $2-k-k^2\neq 0$. よって，$k\neq 1,\ k\neq -2$.

2. $$\begin{bmatrix}1 & 2 & 3 & a\\ -1 & -1 & 5 & a-2\\ 2 & a & -2 & 2\end{bmatrix}\sim\begin{bmatrix}1 & 2 & 3 & a\\ 0 & 1 & 8 & 2a-2\\ 0 & 0 & 4(a-3) & (a-1)(a-3)\end{bmatrix}$$

(1) $\mathrm{rank}\,A=\mathrm{rank}[A\quad b]=3$ でなくてはならないから，$a-3\neq 0$ かつ $(a-1)(a-3)\neq 0$. よって，$a\neq 3$.

(2) $\mathrm{rank}\,A=\mathrm{rank}[A\quad b]<3$ でなくてはならないから，$a-3=0$ かつ $(a-1)(a-3)=0$. よって，$a=3$.

3. $$\begin{bmatrix}1 & 1 & 1\\ 1 & a & 1\\ a & 1 & 0\end{bmatrix}\sim\begin{bmatrix}1 & 1 & 1\\ 0 & a-1 & 0\\ 0 & 0 & -a\end{bmatrix}$$ であるから，$$\mathrm{rank}\begin{bmatrix}1 & 1 & 1\\ 0 & a-1 & 0\\ 0 & 0 & -a\end{bmatrix}\leqq 2$$ となるように $a$ を定めればよい．

$a=0$ のとき，3 行目がすべて 0，　$a=1$ のとき，2 行目がすべて 0.

よって，$a=0,\ 1$.

## 演習問題 4

1. $A^3=-E$ であるから，$|A^3|=|-E|$. 一方，$|-E|=(-1)^n|E|=(-1)^n$. よって，$|A^3|=|A|^3=(-1)^n$. したがって，$n$ が偶数のとき，$|A|=1$. $n$ が奇数のとき，$|A|=-1$.

2. 左辺の行列式の 2 行，3 行を第 1 行に加えて $(x+a+b)$ をくくり出し，さらに 2 列，3 列から 1 列を引くと

$$(x+a+b)\begin{vmatrix} 1 & 0 & 0 \\ 2a & -a-b-x & 0 \\ 2b & 0 & -b-a-x \end{vmatrix}=0$$

この左辺の行列式は下三角行列の行列式だから

$$(x+a+b)(a+b+x)(b+a+x)=0$$

したがって，求める解は $x=-(a+b)$ (3 重解).

3. (1) $|A|=a^3+b^3$, $|B|=x^3+y^3+z^3-3xyz$.

(2) $AB=C$ であるから，

$$|C|=|AB|=|A||B|=(a^3+b^3)(x^3+y^3+z^3-3xyz).$$

## 演習問題 5

1. (1) $x_3=x_1$, $x_3=x_2$ とおくと，それぞれ第 1 列と第 3 列，第 2 列と第 3 列が等しくなるから $D=0$. $D$ は $x_3-x_1$, $x_3-x_2$ を因数に持つ. よって①を得る.

(2) ①の右辺の式の $x_2x_3^2$ の係数は $k$. よって $k=1$.

2. $x_j-x_i$ $(j>i)$ とおくと第 $j$ 列と第 $i$ 列が等しくなるから，$D$ は $x_j-x_i$ を因数に持つ. よって，

$$D=k(x_2-x_1)\times(x_3-x_1)(x_3-x_2)\times\cdots$$
$$\times(x_n-x_1)(x_n-x_2)\cdots(x_n-x_{n-1}).$$

ここで，$k$ の値を決定すればよい．$x_2x_3^2x_4^3\cdots x_n^{n-1}$ の係数を比較することにより，$k=1$.

よって，求める結果が得られる．

3. 第 2, 3 列から 1 列を引き，通分して第 $i$ 行 $(i=1,2,3)$ から $1/(1-x_i\,y_1)$ をくくり出し，第 2 列, 3 列からそれぞれ $(y_2-y_1)$, $(y_3-y_1)$ をくくり出す．次に，第 2 行, 3 行から第 1 行を引き通分し，第 2 列, 3 列からそれぞれ $1/(1-x_1\,y_2)$，$1/(1-x_1\,y_3)$ をくくり出し，第 2 行，3 行からそれぞれ $(x_2-x_1)$, $(x_3-x_1)$ をくくり出す． その後第 1 列に余因子展開を行うと求める結果が得られる．

4. 第 2 行, 3 行, …, $n$ 行を第 1 行に加えて $(x+(n-1)a)$ をくくり出す．次に, 1 列 $\times(-1)$ を他のすべての列に加える．そうすると三角行列の行列式になるから，行列式の値は対角成分の積となり，求める結果が得られる．

5. (1) 数学的帰納法を用いればよい．すなわち，与えられた行列式を第 1 列で余因子展開して，帰納法の仮定を適用することにより，

$$\begin{vmatrix} A & B \\ O & D \end{vmatrix}=|A||D|$$

が得られる．残りの等式は行列式の性質 6 より得られる．

(2) $\begin{bmatrix} A & B \\ C & D \end{bmatrix}=\begin{bmatrix} A & O \\ C & D-CA^{-1}B \end{bmatrix}\begin{bmatrix} E & A^{-1}B \\ O & E \end{bmatrix}$

であるから， 上記の (1) より求める結果が得られる．

## 演習問題 6

1. 係数行列を $A$ とする．

$$|A|=\begin{vmatrix} a & b & c \\ b & c & a \\ c & a & b \end{vmatrix}=-\frac{1}{2}(a+b+c)\{(a-b)^2+(b-c)^2+(c-a)^2\}.$$

仮定より，

$$a+b+c\neq 0,\quad a\neq b,\quad b\neq c,\quad c\neq a.$$

よって，$|A|\neq 0$．クラメルの公式より，

$x=\dfrac{1}{|A|}|A|=1$，$y=\dfrac{1}{|A|}0=0$（1 列と 2 列が一致），$z=\dfrac{1}{|A|}0=0$（1 列と 3 列が一致）．

2. $A$ の余因子は，$A$ の成分の多項式である．よって，$A$ の成分が整数ならば $A$ の余因子も整数となる．したがって，$|A|=\pm 1$ ならば $A^{-1}=\dfrac{1}{|A|}\mathrm{adj}A$ の各成分は整数である．

3. $|\boldsymbol{a}\times\boldsymbol{b}|$ はベクトル $\boldsymbol{a}$, $\boldsymbol{b}$ が作る平行四辺形の面積を表している．$\boldsymbol{a}\times\boldsymbol{b}$ と $\boldsymbol{c}$ の作る角を $\phi$ とおけば，

$$(\boldsymbol{a}\times\boldsymbol{b})\cdot\boldsymbol{c}=|\boldsymbol{a}\times\boldsymbol{b}||\boldsymbol{c}|\cos\phi$$

この右辺の絶対値は，底面が $\boldsymbol{a}$ と $\boldsymbol{b}$ で作られる平行四辺形で高さが $|\boldsymbol{c}|\cos\phi$ である平行六面体の体積になっている．このことは，ベクトル $\boldsymbol{a}$, $\boldsymbol{b}$, $\boldsymbol{c}$ を 3 辺とする平行六面体の体積は $|(\boldsymbol{a}\times\boldsymbol{b})\cdot\boldsymbol{c}|$ であることを示している．

## 演習問題 7

1. (1) $\begin{bmatrix} x_1 \\ y_1 \\ z_1 \end{bmatrix}$, $\begin{bmatrix} x_2 \\ y_2 \\ z_2 \end{bmatrix} \in W$ とする．このとき，$x_1+y_1+z_1=0$, $x_2+y_2+z_2=0$ を満たしている．$\lambda, \mu \in \boldsymbol{R}$ とする．このとき，

$$\lambda\begin{bmatrix} x_1 \\ y_1 \\ z_1 \end{bmatrix} + \mu\begin{bmatrix} x_2 \\ y_2 \\ z_2 \end{bmatrix} = \begin{bmatrix} \lambda x_1+\mu x_2 \\ \lambda y_1+\mu y_2 \\ \lambda z_1+\mu z_2 \end{bmatrix} \in W$$

を示せばよい．

$$\begin{aligned}&(\lambda x_1+\mu x_2)+(\lambda y_1+\mu y_2)+(\lambda z_1+\mu z_2)\\&=\lambda(x_1+y_1+z_1)+\mu(x_2+y_2+z_2)=0\end{aligned}$$

よって，$W$ は部分空間である．

(2) 部分空間でない．

2.
$$\lambda_0\cdot 1+\lambda_1 x+\cdots+\lambda_n x_n=0 \ (\lambda_i \in \boldsymbol{R}) \qquad ①$$

とすると，これは $x$ に関する恒等式である．①で $x=0$ とすると $\lambda_0=0$．①を微分して $x=0$ とすると $\lambda_1=0$．このことを繰り返せば $\lambda_0=\lambda_1=\cdots=\lambda_n=0$．よって，1次独立である．$\boldsymbol{P}_n \cong \boldsymbol{R}^{n+1}$ は対応

$$a_0+a_1+\cdots+a_n x^n \longleftrightarrow {}^t[a_0,\ a_1,\ \cdots,\ a_n] \in \boldsymbol{R}^{n+1}$$

より明らか．

3. $|\boldsymbol{a}\ \boldsymbol{b}\ \boldsymbol{c}|=(a+b+c)\{(b-c)^2+(c-a)^2+(a-b)^2\}/2$ よって，$a+b+c=0$ または $a=b=c$ のときは1次従属，それ以外のときは1次独立．

4. $\lambda(\boldsymbol{b}+\boldsymbol{c})+\mu(\boldsymbol{c}+\boldsymbol{a})+\upsilon(\boldsymbol{a}+\boldsymbol{b})=0$ とおく．このとき，

$$(\mu+\upsilon)\boldsymbol{a}+(\upsilon+\lambda)\boldsymbol{b}+(\lambda+\mu)\boldsymbol{c}=0$$

$\boldsymbol{a}, \boldsymbol{b}, \boldsymbol{c}$ は1次独立だから，$\mu+\upsilon=\upsilon+\lambda=\lambda+\mu=0$．よって，$\lambda=\mu=\upsilon=0$．したがって，$\boldsymbol{b}+\boldsymbol{c}$, $\boldsymbol{c}+\boldsymbol{a}$, $\boldsymbol{a}+\boldsymbol{b}$ は1次独立．

## 演習問題 8

1. $x=c_1$, $y=c_2$ ($c_1$, $c_2$ は任意定数) とおくと
$^t[x\ \ y\ \ z\ \ w]={}^t[c_1\ \ c_2\ \ c_1\ \ -c_2]=c_1{}^t[1\ \ 0\ \ 1\ \ 0]+c_2{}^t[0\ \ 1\ \ 0\ \ -1]$. よって，基底は $\{{}^t[1\ \ 0\ \ 1\ \ 0],\ {}^t[0\ \ 1\ \ 0\ \ -1]\}$，$\dim W=2$.

2. 3 つのベクトルが 1 次独立となるように $a$ の値を定めればよい．
$\begin{vmatrix} a & 0 & a \\ 1 & a & 1 \\ 1 & 2 & 2 \end{vmatrix} \neq 0$ より，$2a^2+2a-(a^2+2a)\neq 0$
よって，$a\neq 0$.

3. $\boldsymbol{P}_3\cong\boldsymbol{R}^4$ であるから，$f_1=1+x\longleftrightarrow{}^t[1\ \ 1\ \ 0\ \ 0]$，$f_2=1+x^2\longleftrightarrow{}^t[1\ \ 0\ \ 1\ \ 0]$，$f_3=1+x^3\longleftrightarrow{}^t[1\ \ 0\ \ 0\ \ 1]$，$f_4=x+x^2+x^3\longleftrightarrow{}^t[0\ \ 1\ \ 1\ \ 1]$ という同型対応のもとで，4 つの列ベクトルが 1 次独立であれば生成系になる．

$$\begin{vmatrix} 1 & 1 & 1 & 0 \\ 1 & 0 & 0 & 1 \\ 0 & 1 & 0 & 1 \\ 0 & 0 & 1 & 1 \end{vmatrix} = \begin{vmatrix} 0 & 0 & 1 \\ 1 & 0 & 1 \\ 0 & 1 & 1 \end{vmatrix} - \begin{vmatrix} 1 & 1 & 0 \\ 1 & 0 & 1 \\ 0 & 1 & 1 \end{vmatrix} = 3\neq 0.$$

よって，1 次独立．したがって，生成系である．

4. (1) 連立 1 次方程式 $\begin{cases} x=y \\ x+y+z=0 \end{cases}$ を解くと，$z=-2x$. よって，$x=c$ とおくと $^t[x\ \ y\ \ z]={}^t[c\ \ c\ \ -2c]=c{}^t[1\ \ 1\ \ -2]$，$c$ は任意定数．よって，基底は $^t[1\ \ 1\ \ -2]$. したがって，

$$\dim(W_1\cap W_2)=1.$$

(2) $\dim W_1=2$, $\dim W_2=2$ であるから，次元定理と (1) より，$\dim(W_1+W_2)=2+2-1=3$.

5. 例題 8.7 と同様にして求めると，

$$\frac{1}{\sqrt{6}}{}^t[1\ \ 1\ \ 2],\quad \frac{1}{\sqrt{2}}{}^t[-1\ \ 1\ \ 0],\quad \frac{1}{\sqrt{3}}{}^t[1\ \ 1\ \ -1].$$

## 演習問題 9

1. (1) $f\left(\begin{bmatrix} x \\ y \end{bmatrix}\right) = {}^t\begin{bmatrix} 0 & 1 & 1 \\ 1 & 1 & 0 \end{bmatrix}\begin{bmatrix} x \\ y \end{bmatrix}$ となるから線形写像である.

(2) $\boldsymbol{u} = {}^t[0\ 0]$, $\boldsymbol{v} = {}^t[0\ 1]$ とおくと $f(\boldsymbol{u}+\boldsymbol{v}) \neq f(\boldsymbol{u}) + f(\boldsymbol{v})$. よって、線形写像でない.

2. $\boldsymbol{u}_1 = {}^t[1\ 1\ 1]$, $\boldsymbol{u}_2 = {}^t[1\ 0\ -1]$, $\boldsymbol{u}_3 = {}^t[0\ 1\ 1]$ とおくと,

$f(\boldsymbol{u}_1) = {}^t[1\ 3\ 3] = \boldsymbol{u}_1 + 0\boldsymbol{u}_2 + 2\boldsymbol{u}_3$, $f(\boldsymbol{u}_2) = {}^t[3\ 0\ -2] = \boldsymbol{u}_1 + 2\boldsymbol{u}_2 - \boldsymbol{u}_3$,

$f(\boldsymbol{u}_3) = {}^t[-1\ 2\ 3] = 0\boldsymbol{u}_1 - \boldsymbol{u}_2 + 2\boldsymbol{u}_3$. よって, 求める表現行列は

$$A = \begin{bmatrix} 1 & 1 & 0 \\ 0 & 2 & -1 \\ 2 & -1 & 2 \end{bmatrix}.$$

3. $F(1) = \int_0^x 1dt + x = 2x = 0 + 2x + 0x^2 + 0x^3$,

$F(x) = \int_0^x tdt + 2x = x^2/2 + 2x = 0 + 2x + x^2/2 + 0x^3$,

$F(x^2) = \int_0^x t^2 dt + 4x = x^3/3 + 4x = 0 + 4x + 0x^2 + x^3/3$

よって, $A = \begin{bmatrix} 0 & 0 & 0 \\ 2 & 2 & 4 \\ 0 & 1/2 & 0 \\ 0 & 0 & 1/3 \end{bmatrix}$.

4. $f\left(\begin{bmatrix} x \\ y \\ z \end{bmatrix}\right) = \begin{bmatrix} x+y \\ y+z \\ z+x \end{bmatrix} = \begin{bmatrix} 1 & 1 & 0 \\ 0 & 1 & 1 \\ 1 & 0 & 1 \end{bmatrix}\begin{bmatrix} x \\ y \\ z \end{bmatrix}$

係数行列を $A$ とおくと, $|A| \neq 0$. よって正則変換である.

$A^{-1} = \dfrac{1}{2}\begin{bmatrix} 1 & -1 & 1 \\ 1 & 1 & -1 \\ -1 & 1 & 1 \end{bmatrix}$ であるから,

$$f^{-1}\left(\begin{bmatrix} x \\ y \\ z \end{bmatrix}\right) = A^{-1}\begin{bmatrix} x \\ y \\ z \end{bmatrix} = \frac{1}{2}\begin{bmatrix} x-y+z \\ x+y-z \\ -x+y+z \end{bmatrix}.$$

## 演習問題 10

**1.** (1)基底 $\{{}^t[1\ 1\ 1],\ {}^t[-1\ 1\ 0]\}$．$\dim(\mathrm{Im} f)=2$．

次元定理から $\dim(\mathrm{Ker} f)=0$．よって，$\ker f=\{\mathbf{0}\}$．

(2) $\boldsymbol{x}={}^t[x_1\ x_2\ x_3]$ とおく．$f(\boldsymbol{x})=[1\ 1\ 1]\boldsymbol{x}$ と書くことができるから，1次独立な列ベクトルは$[1]$だけである．よって，基底は$\{1\}$で $\dim(\mathrm{Im} f)=1$．

$\mathrm{Ker} f$ は $x_1+x_2+x_3=0$ の解である．$x_2=c_1$，$x_3=c_2$ とおくと $x_1=-c_1-c_2$．よって，$\boldsymbol{x}=c_1{}^t[-1\ 1\ 0]+c_2{}^t[-1\ 0\ 1]$ ($c_1$，$c_2$ は任意定数)．したがって，基底は $\{{}^t[-1\ 1\ 0],\ {}^t[-1\ 0\ 1]\}$，$\dim(\mathrm{Ker} f)=2$．

**2.** 固有値は 2, 3．これらに属する固有ベクトルはそれぞれ $\boldsymbol{x}=c_1{}^t[-1\ 1\ 0]+c_2{}^t[-1\ 0\ 1]$ ($c_1$，$c_2$ は少なくとも一方は0でない任意定数)，$\boldsymbol{x}=c_3{}^t[0\ 1\ 0]$ ($c_3$ は 0 でない任意定数)．

**3.** $A\boldsymbol{x}=\lambda\boldsymbol{x}$ ($\boldsymbol{x}\neq 0$) とする．左から $A$ を掛けて $A^2\boldsymbol{x}=A\lambda\boldsymbol{x}=\lambda A\boldsymbol{x}=\lambda^2\boldsymbol{x}$．これを繰り返すと $A^k\boldsymbol{x}=\lambda^k\boldsymbol{x}$．$A^k=0$ だから，$\lambda^k\boldsymbol{x}=\mathbf{0}$．$\boldsymbol{x}\neq\mathbf{0}$ であるから，$\lambda=0$．

**4.** (1) $A=[a_{ij}]$ とおく．

$$\begin{vmatrix}\lambda-a_{11} & \cdots & -a_{1n}\\ \cdots & \cdots & \cdots\\ -a_{n1} & \cdots & \lambda-a_{nn}\end{vmatrix}=(\lambda-\lambda_1)\cdots(\lambda-\lambda_n) \qquad (*)$$

左辺の $\lambda^{n-1}$ の係数は $-(a_{11}+\cdots a_{nn})=-\mathrm{tr}\,A$．

右辺の $\lambda^{n-1}$ の係数は $-(\lambda_1+\cdots+\lambda_n)$．

よって，$\mathrm{tr}\,A=\lambda_1+\cdots+\lambda_n$．

(2) 等式$(*)$で $\lambda=0$ とおくと

左辺 $=(-1)^n|A|$，右辺 $=(-1)^n\lambda_1\cdots\lambda_n$．

よって，$|A|=\lambda_1\cdots\lambda_n$．

(3) $A$ は正則 $\Longleftrightarrow$ $|A|\neq 0$ $\Longleftrightarrow$ $\lambda_1\cdots\lambda_n\neq 0$．

## 演習問題 11

1. (1) $\phi_A(\lambda)=(\lambda-1)(\lambda-2)(\lambda-3)$. よって，固有値は $\lambda=1,2,3$.

これらに属するそれぞれの固有ベクトル(の 1 つ)は ${}^t[1\ -1\ -1]$,

${}^t[0\ 1\ 0]$, ${}^t[0\ 0\ 1]$. $T=\begin{bmatrix} 1 & 0 & 0 \\ -1 & 1 & 0 \\ -1 & 0 & 1 \end{bmatrix}$ とおくと，$T^{-1}AT=\begin{bmatrix} 1 & 0 & 0 \\ 0 & 2 & 0 \\ 0 & 0 & 3 \end{bmatrix}$.

(2) $A^n=T\,\mathrm{diag}\{1^n,\ 2^n,\ 3^n\}T^{-1}$. ここで，掃出し法で $T^{-1}$ を求めて上の式に代入し計算すると

$$A^n=\begin{bmatrix} 1 & 0 & 0 \\ -1+2^n & 2^n & 0 \\ -1+3^n & 0 & 3^n \end{bmatrix}$$

2. (1) $F=x(5x+y+z)+y(x+3y+z)+z(x+y+3z)$

$$=[x\ \ y\ \ z]\begin{bmatrix} 5 & 1 & 1 \\ 1 & 3 & 1 \\ 1 & 1 & 3 \end{bmatrix}\begin{bmatrix} x \\ y \\ z \end{bmatrix}$$

(2) $\phi_A(\lambda)=(\lambda-2)(\lambda-3)(\lambda-6)$.

よって，適当な直行変換 $\boldsymbol{x}=U\boldsymbol{X}$ を施すと

$$F=2X^2+3Y^2+6Z^2$$

(3) (2) より，

$$2(X^2+Y^2+Z^2)\leqq F\leqq 6(X^2+Y^2+Z^2).$$

この式の左側の等号は ${}^t[1\ 0\ 0]$ のとき，右側の等号は ${}^t[0\ 0\ 1]$ のとき成り立つ．ところで，$X^2+Y^2+Z^2={}^t\boldsymbol{X}\boldsymbol{X}={}^t({}^tU\boldsymbol{x})({}^tU\boldsymbol{x})={}^t\boldsymbol{x}U\,{}^tU\boldsymbol{x}={}^t\boldsymbol{x}\boldsymbol{x}=x^2+y^2+z^2=1$ であるから，$F$ の最大値は 6，最小値は 2 である．

## 演習問題 12

1. 条件より $\phi_A(\lambda)=(\lambda-\alpha)(\lambda-\beta)$ である．行列 $A$ を三角化すると，$B=T^{-1}AT=\begin{bmatrix}\alpha & * \\ 0 & \beta\end{bmatrix}$. ここで，$f(x)=a_0x^n+a_1x^{n-1}+\cdots+a_n\ (a_0\neq 0)$ とおく．このとき，

$$\begin{aligned}f(B)&=a_0B^n+a_1B^{n-1}+\cdots+a_nE\\&=a_0\begin{bmatrix}\alpha & * \\ 0 & \beta\end{bmatrix}^n+a_1\begin{bmatrix}\alpha & * \\ 0 & \beta\end{bmatrix}^{n-1}+\cdots+a_n\begin{bmatrix}1 & 0 \\ 0 & 1\end{bmatrix}\\&=\begin{bmatrix}a_0\alpha^n+a_1\alpha^{n-1}+\cdots+a_n & * \\ 0 & a_0\beta^n+a_1\beta^{n-1}+\cdots+a_n\end{bmatrix}\\&=\begin{bmatrix}f(\alpha) & * \\ 0 & f(\beta)\end{bmatrix}.\end{aligned}$$

一方，

$$\begin{aligned}T^{-1}f(A)T&=T^{-1}(a_0A^n+a_1A^{n-1}+\cdots+a_nE)T\\&=a_0(T^{-1}AT)^n+a_1(T^{-1}AT)^{n-1}+\cdots+a_nE\\&=a_0B^n+a_1B^{n-1}+\cdots+a_nE=f(B).\end{aligned}$$

ところで，$T^{-1}f(A)T$ と $f(B)$ の固有値は一致するから

$$\begin{aligned}\phi_{f(A)}(\lambda)=\phi_{f(B)}(\lambda)&=\begin{vmatrix}\lambda-f(\alpha) & * \\ 0 & \lambda-f(\beta)\end{vmatrix}\\&=(\lambda-f(\alpha))(\lambda-f(\beta)).\end{aligned}$$

このことは，$f(A)$ の固有値は $f(\alpha)$, $f(\beta)$ であることを示している．一般の場合も同様にして証明することができる．

2. 演習問題 10 の 3 から，ベキ零行列 $A$ の固有値はすべて 0 である．したがって, $A$ の固有多項式は $\phi_A(\lambda)=\lambda^n$. よって，ケーリー・ハミルトンの定理から $\phi_A(A)=A^n=O$.

# 参考文献

本書を書くにあたり多くの本等を参考にしました．その主なものを記して謝意を表します．


[1] 三宅敏恒『入門線形代数』培風館 (2008).

[2] 西尾克義『理工系のための線形代数』学術図書出版 (2007).

[3] 小寺平治『テキスト線形代数』共立出版 (2006).

[4] 佐武一郎『線型代数学』裳華房 (2006).

[5] 戸田盛和・浅野功義『行列と１次変換』岩波書店 (2007).

[6] 川原雄作・木村哲三・藪康彦・亀田真澄『線形代数の基礎』共立出版(2007).

[7] 馬場敬之・高杉豊『線形代数 — キャンパス・ゼミー』マセマ出版(2003).

[8] 村上正康・野澤宗平・稲葉尚志『演習線形代数(改訂版)』培風館(2008).

[9] H.Eves『Elementary Matrix Theory』Dover Publications, Inc.(1966).

[10] R.A.Horn・C.R.Johnson『Matrix Analysis』Cambridge Univ. Press(1999).

# 索　引


**あ行**

1 次結合　85
1 次従属　83
1 次独立　83
1 次変換　103
1 対 1 写像　102
位置ベクトル　82
ヴァンデルモンドの行列式　58
上三角行列　4
上への写像　102
n 次元基本ベクトル　76
n 次元数ベクトル　75
n 次元ベクトル　75
大きさ　155

**か行**

解空間　81
階段行列　24
階数　26
外積　69
ガウスの消去法　22
核　114
拡大係数行列　19
奇置換　39
基底　88
基本ベクトル　68
逆行列　17
逆写像　102
逆置換　39
逆変換　103
行基本操作　20
行基本変形　20
行ベクトル　3
行列式　36, 41
行列表示　18
偶置換　39
グラム・シュミットの正規直交化法　98
クラメルの公式　65
ケーリー・ハミルトンの定理　145
係数行列　19
計量ベクトル空間　153
コーシーの行列式　59
交代行列　10
恒等置換　39
固有空間　124
固有多項式　121
固有値　120
固有ベクトル　120
固有方程式　121

**さ行**

差　5
座標　93
サラスの展開　37
サラスの方法　37
三角化可能　140
次元　75
次元定理　100, 116
下三角行列　4
実内積空間　154
実ベクトル空間　78
自明な解　28
写像　101
主軸　134

主軸問題　134
小行列　14
小行列分割　14
ジョルダン細胞　147
ジョルダン標準形　147
スカラー　3
スカラー倍　5
スペクトル分解　165
正規直交基底　96
正規直交系　96
生成系　95
生成元　95
生成される部分空間　94
正射影　159, 163
正則　17
正則行列　17
正則変換　103
正方行列　3
成分　68
成分表示　68
積　6
零因子　8
零行列　3
零ベクトル　67, 76
線形空間　78
線形結合　85
線形写像　103
線形従属　83
線形独立　83
全射 102
全単射　102
像　101, 114
相似　127

**た行**

対角化可能　127
対角成分　3
対角行列　3
対称行列　10
単位行列　4
単位ベクトル　67, 77
単射　102
置換　38
置換の符号　39
直和　158
直交　77
直交行列　12
直交射影　163
直交変換　137
直交補空間　158
転置行列　4
同型　82
同型対応　82
同次方程式　28
同次連立 1 次方程式　28
特性多項式　121
特性方程式　121

**な行**

内積　76, 153
内積空間　153
長さ　155
2 次形式　134
ノルム　155

**は行**

掃出し法　22
等しい　5
表現行列　106

標準形　134
標準内積　154
複素内積空間　154
複素ベクトル空間　78
部分空間　79
ブロック　14
ブロック分割　14
フロベニウスの定理　150
ベキ零行列　125
ベキ等行列　11
ベクトル　66
ベクトル空間　78
ベクトル積　70
変換行列　128, 148

**ま行**

無限次元　90

**や行**

有限次元　90
余因子　54
余因子行列式　61
余因子展開　55

**ら行**

列基本操作　21
列基本変形　21
列ベクトル　3

**わ行**

和　5

著者紹介：

**仁平政一**（にへい・まさかず）

1943年 茨城県生まれ．

千葉大学卒，立教大学大学院理学研究科修士課程数学専攻修了．

現在：茨城大学工学部非常勤講師．

主な著書等：

- 『グラフ理論序説』（共著，プレアデス出版）
- 『もっと知りたい　やさしい線形代数の応用』（現代数学社）
- Ars Combinatoria 等の専門誌や Mathematical Gazette 等の数学教育関係のジャーナルに論文多数．
- 日本数学教育学会より『算数・数学の研究ならびに推進の功績』で85周年記念表彰を受ける．
- 所属学会：日本数学会，日本数学教育学会，数学教育学会．
- 研究分野：グラフ理論，数学教育．

基礎からやさしく学ぶ
理工学系・情報科学系のための

**線形代数**

2014年 2月10日　　初版1刷発行

検印省略

著　者　仁平政一
発行者　富田　淳
発行所　株式会社　現代数学社
〒606-8425 京都市左京区鹿ヶ谷西寺ノ前町1
TEL 075 (751) 0727　FAX 075 (744) 0906
http://www.gensu.co.jp/

印刷・製本　亜細亜印刷株式会社



ISBN978-4-7687-0427-1